Angeber haben mehr vom Leben

Matthias Uhl ist Privatdozent für Medienwissenschaften an der Universität Siegen, Philosoph und Biologe. Er unterrichtet Naturwissenschaften im Schuldienst und ist im Internet unter www.matthias-uhl.de zu finden.

Eckart Voland ist Professor für Biophilosophie am Zentrum für Philosophie und Grundlagen der Wissenschaft an der Universität Gießen. Er widmet sich insbesondere der Philosophie der Biowissenschaften, der Evolution sozialen Verhaltens, der Anthropologie und der Soziobiologie und ist auch Autor des Lehrbuchs *Soziobiologie* (ebenfalls Spektrum Akademischer Verlag).

Matthias Uhl und Eckart Voland

Angeber haben mehr vom Leben

Mit Zeichnungen von Sylvia Debusmann

Bibliografische Information der Deutschen Nationalbibliothek

Die Deutsche Nationalbibliothek verzeichnet diese Publikation in der Deutschen Nationalbibliografie; detaillierte bibliografische Daten sind im Internet über http://dnb.d-nb.de abrufbar.

Springer ist ein Unternehmen von Springer Science+Business Media
springer.de

1. Auflage 2002, Taschenbuch 2011
© Spektrum Akademischer Verlag Heidelberg 2002
Spektrum Akademischer Verlag ist ein Imprint von Springer

11   12   13   14   15   5   4   3   2   1

Planung und Lektorat: Frank Wigger, Bettina Saglio
Redaktion: Andrea Kamphuis
Umschlaggestaltung: WSP Design Werbeagentur GmbH, Heidelberg
Titelfoto: © getty images; Catherine Ledner

ISBN 978-3-8274-2807-3

Inhalt

Vorwort

Wissenschaft ist ein mühsames Geschäft. Die Früchte der Arbeit akkumulieren nur langsam. Jeder Millimeter, um den die Grenzen des Wissens hinausgeschoben werden konnten, steht für den Schweiß angestrengter Arbeit im Labor, am Schreibtisch, am Computer oder an welchen Produktionsstätten des Wissens auch immer. Wissenschaftlicher Fortschritt ist das, was der Begriff ausdrückt: ein Fortschreiten, mithin ein recht langsames Unternehmen. Manchmal trifft diese Diagnose aber nicht zu. Neue Ideen kommen auf die Welt, ohne dass man die speziellen Bedingungen solcher Manifestationen menschlicher Kreativität wirklich erklären und begreifen könnte, und dann scheinen die Grenzen des Wissens schlagartig meilenweit entfernt. So war es wohl auch im Fall des „Handicap-Prinzips". 1975 vom israelischen Biologen Amotz Zahavi in die Welt gesetzt und in der Folge vielfach seriös bestätigt, offeriert diese Denkfigur eine aufregende Perspektive zum Verständnis so ungeheuer vieler und vielfältiger Phänomene tierlichen und menschlichen Verhaltens — allen voran des Angebens —, dass die wissenschaftliche Alltagsarbeit, der behäbige wissenschaftliche Fortschritt gar nicht nachkommt, das sich schlagartig eröffnende weite und vielversprechende Feld produktiv zu bearbeiten. Und so entsteht Neuland, wenn man so will ein Explorationsfeld zwischen dem sicheren Hafen wissenschaftlichen Lehrbuchwissens einerseits und den weit hinausgeschobenen, nur nebulös erkennbaren Grenzen des Wissens — ein Explorationsfeld, auf dem die Orientierung nur einen Kompass kennt: Plausibilität. Diesem Kompass haben wir uns anvertraut, als wir uns auf die Idee des Handicap-Prinzips eingelassen haben, um besser als bisher den Angeber verstehen zu können — seine bizarren, komischen, bisweilen auch tragischen Züge im Alltag genauso wie in den großen Zusammenhängen der Weltgeschichte.

Wir danken dem Spektrum-Verlag, insbesondere Frank Wigger, Bettina Saglio und Andrea Kamphuis, ganz herzlich dafür, dass er uns auf dieser Exkursion in ein Neuland der Anthropologie und Verhaltensforschung begleitet und unserem Staunen über das Gefundene eine konkrete Gestalt gegeben hat.

Gießen, im Juni 2002
Matthias Uhl und Eckart Voland

Einleitung

Sind Stichlinge Farbfetischisten?

Im September 2001 fand sich folgende Notiz in einer Zeitung:

> *Jack Nicholson (64) hat Gäste seiner Party damit beeindruckt, dass er stapelweise Dollarscheine ins offene Feuer warf. „Es müssen einige tausend Dollar gewesen sein. Das war das Verrückteste, was ich jemals gesehen habe", sagte ein Gast nach einem Bericht des „Star". Nicholson meinte dazu nur: „Ich habe so viel Geld. Ich kann es gar nicht alles ausgeben. Und mir gibt es einen Kick zu sehen, wie die Leute gucken, wenn ich die Scheine verbrenne."*[1]

Sehr treffend hatte die Zeitung, in der diese Kurzmeldung erschien, die Begebenheit mit dem Wort „Großkotz" betitelt — eine Beurteilung, der sich die allermeisten Menschen ohne zu zögern anschließen dürften. Freilich sollte man bedenken, dass es hier um einen Schauspieler geht, der seine Berühmtheit der Fähigkeit verdankt, psychisch extreme Charaktere grandios zu verkörpern. Nicht umsonst ist das Markenzeichen Jack Nicholsons sein oft als diabolisch bezeichnetes Grinsen. Und natürlich gilt es für Stars mehr als für Normalsterbliche, im Gespräch zu bleiben, zumal in Hollywood — einer Stadt, die gerade nicht von Normalität, sondern vom Außergewöhnlichen lebt. Aber all dies eingerechnet: Gutheißen kann man ein derartiges Verhalten nicht. Wer Geld verbrennt, schlägt indirekt all jenen ins Gesicht, denen dieses zum täglichen Leben fehlt. Wenn jemand zu viel davon hat, sollte er es besser an die unendlich vielen großen und kleinen Brandherde der Welt fließen lassen, um Elend und Leid zu lindern. Geld, mit dem man so viel Gutes tun könnte, nur wegen des „Kicks" zu verbrennen, das wirkt krank und unnatürlich.

Aber was ist in unserer menschlichen Gesellschaft schon noch natürlich, könnte man jemandem entgegenhalten, der sich in dieser oder ähnlicher Weise über den geschilderten Vorfall äußert. Wo auf unserem Planeten geht es denn noch natürlich oder auch nur halbwegs vernünftig zu? Die Welt ist ein Narrenhaus — so die sich ewig wiederholende Diagnose der Kulturpessimisten aller Zeiten. Warum also sollte man sich über ein derart exaltiertes Verhalten wie das von Herrn Nicholson aufregen? Dennoch bleibt das Gefühl, dass es sich bei dem fraglichen Vorfall um ein ganz besonders unnatürliches Verhalten handelt, und zwar insofern, als wir Menschen, genau wie alle anderen Lebewesen, doch an sich zum Haushalten eingerichtet sind. Wir leben bekanntlich nicht im Paradies, wo Milch und Honig fließen und alles im Überfluss existiert, sondern in einer Welt der beschränkten Ressourcen. Und deshalb sollte sparsames Wirtschaften die bessere Strategie sein als sinnlose Vergeudung, um die Hürden des Lebens erfolgreich zu nehmen. Kurz: Geld zu verbrennen, gutes Geld zu verbrennen, ist gegen jegliche Vernunft. Es gehört sich einfach nicht. Derartige Verschwendungen sind wider die Natur. Unnatürlicher könnte eine Verhaltensweise gar nicht sein.

Wirklich? Ist diese Beurteilung des zugegebenermaßen leicht bizarren Aktes der Geldverbrennung tatsächlich richtig? Wir werden Ihnen zeigen, dass dem nicht so ist. Wer ein solches Verhalten als unnatürlich brandmarken will, der lässt außer Acht, was fast überall in der Natur passiert. Zwar wird der »Kampf ums Überleben«, wie Charles Darwin ihn einst nannte, durchaus mit aller Härte geführt, aber die in ihm evolvierten Organismen sind keinesfalls biologische Sparsamkeitsapostel. Nehmen Sie das Gefieder des Pfaus, die Farbenpracht tropischer Fische oder die unglaublich aufwendigen Bauten der Laubenvögel. Bei all diesen Dingen ließe sich sparen. Recht bedacht könnten die Tiere ihre Kräfte viel sinnvoller einsetzen, als sie in derartig verschwenderische Unterfangen zu investieren. Die große Frage ist: Warum tun sie es dennoch?

Eine mögliche Erklärung wäre, dass es in der Natur doch so etwas wie Luxus gibt – Dinge also, nach denen man strebt oder die man sich aneignet, obwohl man sie nicht braucht. Doch diese Erklärung ist äußerst unbefriedigend, denn Generationen von Biologen haben immer wieder gezeigt, dass Knappheit das Leben kennzeichnet – eine Knappheit, die zwangsläufig eine unbarmherzige Konkurrenz um Lebenschancen nach sich zieht, was wiederum – wie Darwin erkannte – Selektion und Anpassung zur Folge hat. Alles, was man auf diese Weise nicht erklären kann, einfach als Luxus abzustempeln, ist weiter nichts als ein unbeholfener Rettungsversuch.

Eine alternative Erklärung für verschwenderische und somit zum großen Teil augenscheinlich sinnlose Erscheinungen im Tierreich wäre, dass der scheinbare Luxus letztlich doch nur Ausdruck schnöden zweckdienlichen Verhaltens ist. Möglicherweise hat man noch nicht richtig begriffen, was da überhaupt geschieht und warum es geschieht. Eine gute Erklärung müsste dementsprechend in der Lage sein, scheinbar sinnlose Extravaganzen als voll und ganz zweckrationale Verhaltensweisen in einer Welt des Mangels zu beschreiben.

Genau diese Erklärung wollen wir Ihnen bieten. Zwar ist die Natur faszinierend und rätselhaft, aber es lässt sich sehr wohl erklären, warum Pfauen luxuriöse Schwanzfedern haben, in die der Körper unglaubliche Stoffwechselreserven investieren muss, warum Guppys Färbungen aufweisen, die geradezu „Friss mich, hier bin ich!" schreien, oder warum Laubenvögel ihre Zeit statt in die Nahrungssuche in den Bau einer kunstvollen Liebeslaube stecken. Bei all diesen Vorgängen handelt es sich um ökonomisch sinnvolle Verhaltensweisen — die, so viel sei schon verraten, auch ein bezeichnendes Licht auf das Verhalten von Herrn Nicholson werfen.

Lassen Sie uns aber mit einem unspektakulären und weniger exotischen Beispiel beginnen, um hinter das noch verborgene, gemeinsame Prinzip all dieser Einzelfälle zu kommen. Kennen Sie den Stichling? Der Stichling ist ein kleiner, etwa sieben Zentimeter langer Fisch, der in den kühlen, sauberen Gewässern unseres Landes lebt. Früher einmal erfreute er sich aufgrund der schönen Färbung der Männchen zur Paarungszeit sogar einer relativ großen Beliebtheit als Aquarienfisch. Allerdings konnte diese zierliche Kaltwasserkreatur nicht mithalten mit der Farbenpracht tropischer Fische, die inzwischen in den Schaubecken der Wohn- und Jugendzimmer den klaren Sieg davongetragen haben.

Es ist gerade die Färbung des Stichlingsmännchens, die für uns interessant ist. Wie schon erwähnt, färbt sich die Brust dieses ansonsten silbrigen Fisches zur Paarungszeit mehr oder weniger rot. Die nüchterne Frage an dieser Stelle muss lauten: Was bringt diese Färbung dem Fisch? Physiologisch gesehen entsteht sie durch Carotinoide, die gleichen Farbstoffe, die auch der Karotte ihren Orangeton verleihen. Warum aber verändert sich der Stoffwechsel des Fisches in dieser Weise? Außerhalb der Paarungszeit können die Tiere ohne weiteres auf dieses Merkmal verzichten. Es handelt sich also um nichts, was zum täglichen Überleben nötig oder auch nur nützlich wäre. Wozu also diese Färbung?

Auch wenn der Rotton im Alltag keine Bedeutung hat, in der Paarungszeit wird er zum wichtigsten Kennzeichen eines Stichlingsmännchens überhaupt, denn die Weibchen suchen die Männchen, mit denen sie sich paaren wollen, nach deren Farbe aus. Stichlingsweibchen wollen Männchen mit einer roten Brust, und je röter die Brust (dieser Komparativ sei hier ausnahmsweise erlaubt), desto lieber sind ihnen die entsprechenden Exemplare als Väter ihrer Kinder.

Diese Vorliebe trat in Versuchen zutage, bei denen die Weibchen jeweils zwischen zwei unterschiedlich stark kolorierten Paarungspartnern in benachbarten Becken wählen konnten.[2] Weil sich die Vertreterinnen der schuppigen Damenwelt ihrem Auserwählten immer in einer bestimmten Weise zuwenden, war für die Forscher eindeutig abzulesen, welcher der männlichen Konkurrenten jeweils den Sieg für sich beanspruchen konnte. Um sicherzugehen, dass es wirklich die rot gefärbte Brust der Männchen war, die den Ausschlag gab, wurde die gleiche Testreihe noch einmal unter grünem Licht durchgeführt. Bei dieser Beleuchtung wurde der so wichtige rote Brustfleck gänzlich unsichtbar. Und siehe da, die Weibchen wählten nun rein zufällig unter den beiden möglichen Paarungspartnern, die ihnen angeboten wurden.

Dies ist eine interessante Beobachtung und ein sehr originelles Experiment. Allerdings beantwortet es die vorhin gestellte Frage nicht, sondern verlagert sie nur. Es geht jetzt nicht mehr primär darum, weshalb sich die Stichlingsmännchen den vermeintlichen Luxus einer roten Färbung leisten, sondern um den Grund für die große Bedeutung, welche die Weibchen ihr zumessen. Für die männliche Seite ist das Problem gelöst: Mehr rote Farbe bedeutet bessere Fortpflanzungschancen. Die Situation wird dadurch aber nicht einfacher. Warum, um alles in der Welt, fühlen sich die Weibchen zu leuchtend roten Männchenbrüsten hingezogen? Da das Balzverhalten der Stichlinge in keinem größeren Zusammenhang mit dem Weltgeschehen steht, könnte man versucht sein, dieser Frage mit der lapidaren Antwort „Das ist nun mal so" zu begegnen. Eine Option, die jedoch eher auf Phlegma als auf Erkenntnisinteresse schließen lässt. Wenn man sich damit nicht zufrieden gibt, dann existiert sehr wohl eine Möglichkeit, tiefer in die beobachteten Verhaltensweisen einzudringen.

Als Erstes fällt auf, dass das Phänomen auf innerartlicher Kommunikation beruht. Ein Individuum gibt ein Signal, auf das ein anderes Individuum reagiert. Warum macht es das? Eine wahrscheinliche Erklärung hierfür wäre, dass das Beachten des Farbsignals Vorteile bringt. Die männlichen Stichlinge lassen sich auf diese Weise nach der Größe ihres Brustflecks vergleichen — ein körperliches Merkmal, das merkwürdigerweise keinen anderen Zweck zu erfüllen scheint als Weibchen zu betören. Ein roter Fleck, dessen Botschaft nur lautet „Schau her, ich habe einen roten Fleck", würde allerdings kein gutes Licht auf die Damenwelt dieser Kleinfische werfen. Ganz offen gesprochen würde es sich nämlich in diesem Fall um Fetischistinnen handeln — Farbfetischistinnen, denen es eine Lust ist, sich mit dem jeweils rötesten (hier sei ausnahmsweise auch der Superlativ erlaubt) Männchen zu paaren. Nicht auszudenken, welche Frustrationen die Männchen ertragen müssten, wenn aufgrund unglückseliger Umstände megarote Goldfische in ihren Lebensraum gelangen würden!

Wer an dieser Stelle mit chauvinistischer Lässigkeit „So sind die Frauen eben" anmerkt, der möge sich in die Ecke zum Phlegmatiker stellen. In der Tat sind die Weibchen der Stichlinge so. Wer sich aber vom ersten Eindruck der Begebenheiten so gefangen nehmen lässt, dass er zu derartig kurzsichtigen Urteilen kommt, dem entgeht die wahre Pointe dieser Interaktion. Es gibt nämlich sehr wohl einen hochgradig vernünftigen Grund, warum sich Stichlingsweibchen für kräftig rote Männchen entscheiden sollten: Die rotbrüstigen sind nämlich gesünder als ihre blasseren Geschlechtsgenossen. So einfach ist das. Wenn Sie ein Stichlingsweibchen wären, dann würden Sie sich aus einem einfachen, aber folgenreichen Grund auch für das gesündere Männchen entscheiden, denn mit diesem ist die Chance, starken und gesunden Nachwuchs zu zeugen, im Durchschnitt größer. Und nur das zählt in der Evolution.

Gesunde Exemplare bringen viel Farbe hervor, kranke und schwache wenig. Es ist nämlich nicht leicht für den Stoffwechsel der Männchen, den notwendigen Farbstoff aufzubauen; vielmehr handelt es sich um eine außergewöhnliche metabolische Anstrengung.[3] Diese Leistung können logischerweise diejenigen Individuen am besten vollbringen, die am gesündesten und fittesten sind. Billig zu haben — frei nach dem Motto „Jedem das, was ihm gefällt" — ist das Signal „roter Fleck" also nicht. Im Gegenteil, auf der Ebene des Stoffwechsels handelt es sich um ein ausgesprochen teures Signal. Nur wer gesund ist, wessen Körper sich gegen Krankheitserreger und Parasiten behaupten kann, der verfügt über die notwendigen Reserven, um dieses Signal in voller Ausprägung herstellen zu können.

Lassen Sie uns einmal ganz genau auf den Punkt bringen, was die eigentliche kommunikative Leistung der Rotfärbung bei Stichlingsmännchen ist: Die Größe und die Leuchtkraft dieses Farbmals geben untrüglich Auskunft über den Gesamtzustand des jeweiligen Männchens. Durch ein auf den ersten Blick sinnloses Signal wird somit eine verborgene Qualität kundgetan. Zudem ist diese nonverbale Botschaft absolut fälschungssicher. Nur Männchen, die gesund sind und deren Organismus über ausreichende Reserven verfügt, sind in der Lage, hier zu glänzen.

Ein wahrhaft faszinierender Zusammenhang, der den anfangs als Luxus erscheinenden roten Fleck in ein ganz neues Licht stellt. Es handelt sich nicht um eine ästhetische Beliebigkeit, nicht um eine Laune der Natur, nicht um Luxus, der den Namen wirklich verdient, sondern um hocheffiziente Kommunikation über einen lebenswichtigen Zusammenhang. Lebenswichtig deshalb, weil es für die Weibchen nicht belanglos sein kann, von welchen männlichen Genen sie ihre Keimzellen befruchten lassen, und hocheffizient deshalb, weil beide Parteien Gewinn aus dieser Kommunikation ziehen. Die gesunden Männchen sind auf diese Weise in der Lage, ihre physiologischen und immunologischen Vorzüge deutlich sichtbar zu machen, ihre weniger fitten Nebenbuhler somit auszustechen und sich dementsprechend mit höherer Wahrscheinlichkeit fortzupflanzen. Die Weibchen hingegen können aus der Vielzahl möglicher Paarungspartner denjenigen auswählen, dessen Vitalität und dementsprechend auch genetische Ausstattung den größten Reproduktionserfolg verspricht. Fitnessmaximierung nennen Biologen die evolutionär gewachsene Logik hinter einem derartigen Verhalten.

So kleine Fische und so raffiniert, fühlt man sich genötigt zu sagen. Was es nicht alles gibt im Reich der Natur! Aber wir haben Ihnen diesen Schwank aus dem Fischteich nicht näher gebracht, weil es sich dabei um ein Kuriosum handelt, sondern weil er ein Prinzip illustriert, das im Tierreich weit verbreitet ist. Und nicht nur im Tierreich. Auch unsere menschliche, zivilisierte Gesellschaft — so unsere Hypothese — beruht zu einem keineswegs unerheblichen Teil auf diesem Kommunikationsmechanismus. Wir planen und bewerten zwischenmenschliche Interaktionen nach genau diesem Muster — und aus genau demselben Grund, den die Stichlinge haben: Wir wollen zum einen ehrliche und fälschungssichere Botschaften, die uns eindeutige Auskünfte über verborgene Qualitäten unserer Mitmenschen geben und es uns erlauben, lebensbedeutsame Entscheidungen zu treffen, die für uns den größtmöglichen Nutzen bringen. Zum anderen wollen wir unsere eigenen Vorzüge so präsentieren, dass sich die richtigen Leute für uns als Sozialpartner entscheiden. Und während die Stichlinge nur auf einen feuchten Quickie aus sind, geht es uns Menschen um weit mehr — aber darum auch.

Diese Kommunikationsblaupause, die als Handicap-Prinzip bezeichnet wird[4] — so viel sei an dieser Stelle schon verraten —, erlaubt einfache und gut nachvollziehbare Erklärungen für Verhaltensweisen, die sich zuvor der rationalen Rekonstruktion mehr oder weniger stark widersetzten, etwa für das Geldverbrennen von Jack Nicholson. Dieses skurrile Benehmen wird dann verständlich, wenn man in Betracht zieht, dass die Signale, mit denen wir um die Aufmerksamkeit, Gunst und Anerkennung unserer Mitmenschen werben, immer in direktem Bezug zu normalerweise nicht sichtbaren Qualitäten und Ressourcen stehen. Wer viel Geld verbrennt, zeigt somit, dass ihm dieses so heiß begehrte Tauschmittel im Überfluss zur Verfügung steht. Wie seine Umwelt dieses flammende Signal aufnimmt, ist jedoch keinesfalls mehr so sicher wie die Reaktion der Stichlingsweibchen im Teich oder Aquarium.

Ihnen ist wahrscheinlich aufgefallen, dass wir bis jetzt darauf bedacht waren, den zentralen Begriff aus dem Titel dieses Buches nicht zu erwähnen: den Angeber. Unausgesprochen befindet er sich natürlich längst an unserer Seite — unausgesprochen und somit nicht klar definiert. Stellen Sie sich vor, Sie lernen einen Ihnen bis dahin unbekannten Menschen kennen, der sich als Doktor Soundso vorstellt. Der Name tut an dieser Stelle nichts zur Sache. Was hier interessiert, ist der Titel und was dieser zum Ausdruck bringt. Zwar hat man aufgrund dieser wenigen Worte noch keinen Hinweis auf die fachliche Ausrichtung seines Gesprächspartners, man kann sich aber sicher sein, dass dieser auf irgendeinem Gebiet über weit überdurchschnittliches Wissen verfügt. Der Doktortitel ist in diesem Sinne so etwas wie ein intellektuell-arbeitstechnisches Gütesiegel. Die Prozedur zu seiner Erlangung erfordert zum einen den Abschluss eines Studiums und somit eine große Menge an Fachwissen und zum anderen eine Arbeit, die belegt, dass man dieses nicht nur anwenden kann, sondern über das nötige geistige Potenzial verfügt, um neues Wissen oder neue Erkenntnisse für das jeweilige Fachgebiet selbst zu erarbeiten. Alles in allem muss jemand einen langen Weg zurücklegen, bevor er das Kürzel „Dr." vor seinen Namen setzen darf. Einen Weg, auf dem es keine Abkürzungen gibt, da unsere Gesellschaft intensiv darüber wacht, dass nur diejenigen, die ihn erfolgreich absolviert haben, sich auf diese Weise schmücken können. Wer seinen Namen ohne entsprechende Leistungen im Hintergrund um diesen Zusatz erweitert, macht sich des Missbrauchs eines Titels schuldig. Dabei handelt es sich gemäß Strafgesetzbuch um eine Straftat gegen die öffentliche Ordnung, die mit Freiheitsstrafe bis zu einem Jahr oder Geldstrafe geahndet wird. Somit kann man ziemlich sicher sein, dass Frauen oder Männer, die sich als Dr. Soundso vorstellen, auf diese Weise angeben, ausgewiesene Experten für ein noch näher zu bestimmendes Fachgebiet zu sein. Und genau im Sinne dieses aufrichtigen Angebens der Qualifikationen werden wir im weiteren Verlauf dieses Buches vom Angeben und von Angebern sprechen.

Angeber sind demnach Organismen, die mithilfe von zuverlässigen Signalen ihrer Umwelt das Vorhandensein von verborgenen Qualitäten mitteilen. Sie sehen: Die Kategorie des Angebers beinhaltet sowohl den wenig sympathischen Großkotz wie den sachlich-nüchternen Zurschausteller des Faktischen. Nur eines beinhaltet die Kategorie des Angebers nach unserem Verständnis nicht, nämlich den vollmundigen, betrügerischen Lügner und Hochstapler. Er ist unehrlich, der Angeber hingegen nicht. Dieser mag vielleicht ungezogen, skurril und moralisch fragwürdig sein, aber er lügt nicht, denn wer Geld verbrennt, muss zwangsläufig Geld haben, das er verbrennen kann. Nur zu behaupten, man könne — wenn man wolle — Geld verbrennen, zählt nicht. Man muss seinen Reichtum schon nachprüfbar „angeben", wenn man seine Umwelt darüber in Kenntnis setzen möchte.

Wenn Sie jetzt das Gefühl haben, dass eine Verbindung besteht zwischen den balzenden Stichlingen und Geld verbrennenden Schauspielern, dann haben Sie Recht. Wenn Sie erfahren wollen, wie diese genau beschaffen ist, dann raten wir Ihnen weiterzulesen.

Wir wollen Ihnen im Verlauf dieses Buches das hinter einer Vielzahl von Phänomenen stehende Prinzip angeberischer Kommunikation — das Handicap-Prinzip — näher bringen. Dabei werden wir die bis jetzt nur knapp umrissene Sichtweise langsam und anhand vieler gewöhnlicher, aber auch ungewöhnlicher Beispiele Schritt für Schritt verdeutlichen.

Dieser Einleitung folgt ein Kapitel mit dem Titel „Die Ökonomie der Natur", das dazu dient, ein klares Bild davon zu zeichnen, wie innerartliche und zwischenartliche Interaktionen angesichts universeller Knappheit in der Natur beschaffen sind. Im nächsten Kapitel, „Vom Nutzen des Nutzlosen", unternehmen wir mit Ihnen einen Streifzug durch die schillernde Welt der Phänomene, an denen traditionelle Deutungsversuche gescheitert sind, und zeigen Ihnen, wie sich diese Vorkommnisse dennoch ganz vernünftig erklären lassen. Im Anschluss daran weiten wir unsere Betrachtungen über das Tierreich hinaus auf den Menschen aus und untersuchen unter dem Titel „Botschaften und ihr Preis" die Interaktion und Kommunikation unserer eigenen Spezies. Nachdem wir uns in diesem Sinne mit dem Verhalten unserer Artgenossen auseinander gesetzt haben, weiten wir im folgenden Kapitel den Blick noch ein wenig. In „Reden ist Silber, Zeigen ist Gold" präsentieren wir Ihnen Einsichten darüber, wie wir Menschen mithilfe der verschiedensten Objekte daran arbeiten, fälschungssichere und eindeutige Signale an unsere Umwelt abzugeben. Dass der so erklärungsstarke Ansatz des Handicap-Prinzips nicht nur bisher Unerklärliches erhellen, sondern auch die Wurzeln vielerlei irrationalen Verhaltens aufdecken kann, führen wir Ihnen im Kapitel „An den Quellen der Unvernunft" vor. Zum Abschluss möchten wir Ihnen dann unter dem Titel „In der Wiege der Kultur lag ein Angeber" vorführen, zu welchen Höhenflügen der Erklärungsansatz, den wir hier vertreten, imstande ist. Der Mensch ist — so unsere Schlussfolgerung — ein geborener Angeber, und wäre er es nicht, säße er wie seine äffischen Vorfahren noch auf den Bäumen — gefangen in der kulturarmen Nische subhumaner Lebensart.

Erst dass unsere Vorfahren das Angeben entdeckten, hat unsere Kultur überhaupt möglich gemacht und sie dahin gebracht, wo sie heute ist. Folgen Sie unseren Überlegungen, und Sie werden feststellen, dass nicht nur die Natur, sondern auch unser menschliches Miteinander ein permanentes Feuerwerk von Angebersignalen ist. Überall wird mit größtmöglichem Einsatz von Besitz und Fähigkeiten um Sozialpartner und Prestige gekämpft. Wer einmal seine Augen für die erdgeschichtlich so alten Zusammenhänge dieses kommunikativen Wettstreits geschärft hat, wird nicht umhin können einzusehen, dass Angeben und Erfolg im Leben untrennbar miteinander verbunden sind. Wer nicht an-gibt, was er zu bieten hat, fristet ein Leben als Mauerblümchen. Wer in die Vollen greift und mit aufwendigen Signalen zeigt, was er zu bieten hat, dem werden die Hände gereicht. So skurril es erscheinen mag, Menschen mit Stichlingen oder Pfauen zu vergleichen — im Grunde genommen gilt überall das Gleiche: Angeber haben mehr vom Leben.

2

Die Ökonomie der Natur

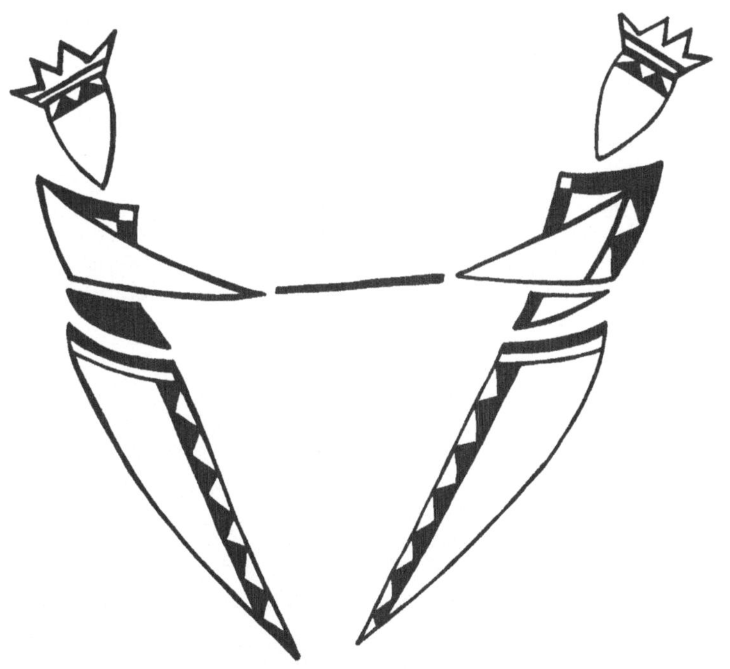

▶ Knappheit oder: Wo es nur einen Gewinner geben kann, werden die meisten Verlierer sein

Finsterau war durch einen Kampf mit Mädchen zur Alphawölfin ihres Rudels geworden. Neben ihr gab es noch drei andere Weibchen: Schönbrunn, Rachel und Lusen. Es war Winter, und langsam kam die Ranzzeit näher, jener Abschnitt im Jahr, in dem Wölfinnen fruchtbar sind. In jedem Rudel wirft immer nur eine Wölfin Junge und kann sich in der Zeit, die sich anschließt, auf die Unterstützung aller anderen verlassen. Es war jedoch so, als ob Finsterau sichergehen wollte, dass nur sie und ihre zukünftigen Kinder von der Konzentration aller Kräfte des Rudels auf einen einzigen Wurf profitierten. Als Erstes wandte sie sich gegen Schönbrunn, das rangniedrigste Weibchen, und verdrängte es mithilfe der beiden anderen aus der Gruppe. Rachel war das nächste Ziel in ihrer Kampagne. Sie wurde attackiert, verjagt und zur Ausgestoßenen gemacht. Und als die Ranzzeit im Februar begann, musste auch Lusen, nach Finsterau das ranghöchste Weibchen, das Rudel verlassen. Die männlichen Wölfe hatten von dem Geschehen keine besondere Notiz genommen. Die drei ausgeschlossenen Weibchen waren jetzt sozial völlig isoliert.

Finsterau paarte sich in der Folge mit Näschen und brachte Ende April einen Wurf Junge zur Welt. Ab da waren es ihre Kinder, die im Brennpunkt des Rudelinteresses standen. Und die Moral von der Geschicht': Da, wo es nur einen Gewinner geben kann, werden die meisten Verlierer sein.[1]

Diese Begebenheiten, die sich in einem Freilandwolfsgehege zutrugen, führen uns das vor Augen, was Ökonomen mit Knappheit bezeichnen. Diese Wissenschaftler, die dem menschlichen Wirtschaften und dessen Ausprägungen in den verschiedensten großen und kleinen Interaktionen nachgehen, sprechen vom Prinzip der universalen Knappheit. Ganz einfach ausgedrückt bedeutet das, dass es die Dinge, die alle haben wollen, nie in der Menge gibt, die zur Deckung des gesamten Bedarfs notwendig wäre.

Diese grundlegende Wahrheit über die Welt, in der wir alle leben, hat der schottische Moralphilosoph und Ökonom Adam Smith (1723–1790) aufgedeckt. Als Begründer der Wirtschaftswissenschaften steht er nicht nur für diese Einsicht, sondern auch für die daraus gezogenen analytischen Konsequenzen. Deren wichtigste lautet: Individuen machen einander beim Erwerb von Gütern Konkurrenz. Das gilt auch für das Tierreich, auch wenn dies nicht immer auf Anhieb offensichtlich wird. Wer nicht in der Lage ist, in der Wettbewerbssituation um Nahrung, Partner und Sozialprestige zu bestehen, über den schreitet die Evolution unbarmherzig hinweg.

Warum suchen sich Wölfe, wenn sie im Rudel Moschusochsen jagen, das schwächste Tier einer Herde aus? Ganz sicher nicht, weil es so viel Fleisch verspricht, sondern weil dieses Fleisch am leichtesten zu bekommen ist. Eine Jagd bedeutet nicht nur für den Gejagten eine Sache auf Leben und Tod. Auch die Jäger, in diesem Fall die Wölfe, gehen ein Risiko ein. Ein Wolf riskiert selbstverständlich nicht, gefressen zu werden, wohl aber, seine Kräfte bei einem erfolglosen Versuch zu vergeuden oder, was noch schlimmer wäre, im Kampf mit einem zu starken Beutetier verletzt zu werden.

Jagen kostet. Im Gegensatz zu den so gerne beschworenen paradiesischen Zuständen fließen in dieser Welt nicht Milch und Honig, und die gebratenen Tauben fliegen niemandem wie im Schlaraffenland in den Mund. Da alle diese Dinge knapp sind, ist es mit Mühe und Anstrengung verbunden, sie zu bekommen. Schon im Alten Testament heißt es: „Im Schweiße deines Angesichts sollst du dein Brot essen." Mit diesen wenig Erfreuliches verheißenden Worten verdeutlichte Gott Adam, was ihn und Eva, da sie das Paradies für immer verloren hatten, jetzt für den Rest ihres Lebens erwartete.

Wollte man sich von der Dramatik dieser Äußerung distanzieren, könnte man natürlich darauf hinweisen, dass ein Mensch, der in irgendeinem Geschäft etwas erwirbt, keinesfalls zu schwitzen braucht — ganz anders als der Wolf, der bei seinem Nahrungserwerb sehr wohl schwitzen würde, wenn er es denn von seinen körperlichen Voraussetzungen her könnte. Ein derartiger Einwand ginge jedoch am tatsächlichen Sachverhalt vorbei.

In Wirklichkeit befinden sich sowohl Mensch als auch Wolf in einer Situation, die Ausdruck der allgegenwärtigen Knappheit ist. Weder ist das Fleisch für den Vorfahren unserer Hunde ohne Mühe zu haben, noch können wir Kaugummi oder Tanklastzüge erwerben, ohne entsprechende Gegenleistungen zu erbringen. Umsonst ist, wie der Volksmund so poetisch sagt, nur der Tod.

Wer ein Geschäft mit der Absicht betritt, es mit irgendeiner Ware zu verlassen, sollte Geld bei sich haben. In den Besitz von Geld gelangt man aber in der Regel nur, wenn man dafür eine Leistung erbringt. Hat man für eine bestimmte Tätigkeit Geld als Entlohnung erhalten, befindet man sich in der erfreulichen Situation, dafür etwas erwerben zu können, in das andere Zeit, Rohstoffe und Arbeit investiert haben. Das Prinzip dieses Vorgangs stellt eine der großen Leistungen der menschlichen Kultur dar. Unterschiedliche Leistungen müssen nicht mehr direkt gegeneinander aufgerechnet oder getauscht werden, sondern können in das universale Tauschmittel Geld überführt werden. Der Dank hierfür gebührt unter anderem den Bewohnern des Mittelmeerraumes, die vor etwa 3 700 Jahren das Geld erfanden. Es ist also unserer Kultur zu verdanken, dass uns die universale Knappheit anders entgegentritt als den übrigen Lebewesen, die mit uns diesen Planeten bewohnen. Dennoch handelt es sich dabei um ein Prinzip, dem sich alle Lebensformen zu unterwerfen haben. Der Schotte Thomas Hobbes (1588–1679) brachte diese Einsicht schon vor 360 Jahren wahrscheinlich am besten auf den Punkt, indem er folgerte, dass der Mensch, wenn nicht die Kultur ihn schützen würde, des Menschen Wolf wäre.[2] Scharfsichtig hatte er erkannt, dass der Kampf um Leben und Tod, den man in der Natur beobachten kann, auch bei uns Menschen fortbesteht. Zwar haben wir ihm mittels der Kultur einen Teil seiner blutroten Schärfe genommen, seiner Wirkung aber entrinnen wir nicht.

▶ Mangel und Konkurrenz: Verschwende nichts!

Was aber bedeutet Konkurrenz für den ganz realen Wolf, der sich zusammen mit seinen Artgenossen müht, ein um sein Leben rennendes Beutetier zu stellen und zur Strecke zu bringen? Dem

Wolf selbst werden die eben dargestellten Einsichten in keiner Weise nützlich sein. Uns Menschen hingegen eröffnen diese theoretischen Ansätze Möglichkeiten, die Natur besser zu verstehen. Verstehen ist hier im ganz wissenschaftlichen Sinne gemeint und liegt dann vor, wenn es gelingt, eine Vielzahl von scheinbar nicht zusammenhängenden Beobachtungen mithilfe eines gemeinsamen Prinzips oder eines Gesetzes zu erklären. So konnte zum Beispiel der schon erwähnte Gründervater der Ökonomie, Adam Smith, aus allerlei Beispielen für Knappheit ableiten, dass Monopole gleich welcher Art für eine Volkswirtschaft schlecht sind.[3]

Im Bereich der Biologie war es der Engländer Charles Darwin (1809–1882), dem eine derartige analytische Großleistung gelang. In seinem epochal zu nennenden Werk *Die Entstehung der Arten*, das 1859 veröffentlicht wurde, stellte er eine Sichtweise vor, die es erlaubte, die schon immer erstaunliche Vielfalt an großen und kleinen Lebewesen, die die Erde bevölkern, zu erklären. Herbert Spencer (1820–1903), einer der Philosophen, die sich mit den Folgerungen aus Darwins neuer Theorie befassten, brachte deren zentrale Aussage mit dem Satz vom *survival of the fittest*, dem Überleben des Tauglichsten, auf den Punkt. Darwin selbst hatte seinem Erklärungsmodell für die Vielfalt der Natur den Namen „Theorie der natürlichen Auslese" gegeben.

Nur am Rande sei hier angemerkt, dass Darwins Entdeckung, wie es um die verwandtschaftlichen Zusammenhänge in der Natur bestellt ist, nicht gerade mit offenen Armen empfangen wurde: Bedeutete doch diese Theorie nicht zuletzt auch, dass der Mensch mit den Tieren verwandt war — genauer gesagt, dass er von affenartigen Vorfahren abstammte. Die Frau eines englischen Bischofs soll mit folgenden Worten auf die neuen Einsichten ihres Landsmannes Charles Darwin reagiert haben: »Gott gebe, dass es nicht wahr ist, und wenn es doch wahr ist, so möge es niemand erfahren.« Und noch heute ist der Widerstand derer, die den Schöpfungsbericht der Bibel für die einzig gültige Erklärung für die Vielfalt des Lebendigen halten, nicht gebrochen. So finden sich Veröffentlichungen, in denen ernst gemeinte Berechnungen über die Größe der Arche Noah angestellt werden, und in einigen Bundesstaaten der USA schreiben die Schulverordnungen vor, dass die biblische Sicht gleichberechtigt mit den Einsichten der Evolutionstheorie darzustellen ist.

Spencers Wendung *survival of the fittest* drückt Knappheit aus, jene Knappheit, mit der sich die Ökonomen auch zu Darwins Zeiten ausführlich beschäftigten. Knappheit prägt jedoch nicht nur das menschliche Leben von der Wiege bis zur Bahre, sondern auch den Lebensweg aller Tiere und Pflanzen. Woran genau lässt sich aber ermessen, wie erfolgreich das Überleben derer ist, die fitter sind, die besser geeignet sind für dieses Leben als ihre schwimmenden, fliegenden, kletternden, kriechenden oder laufenden Zeitgenossen? Ein bloßer Vergleich von hinter sich gebrachter Lebenszeit reicht nicht aus. Wenn dem so wäre, müsste man davon ausgehen, dass Galapagos-Riesenschildkröten nach evolutionären Maßstäben eindeutig fitter sind als Ratten. Dies wäre jedoch unvereinbar mit der Tatsache, dass die Ratten zu den wenigen Tiergattungen gehören, die es geschafft haben, sich über die ganze Welt zu verbreiten. Die Riesenschildkröten von Galapagos sind trotz des biblischen Alters, das sie erreichen können, eine seltene und hochgradig schutzbedürftige Art, die sich zudem nur auf einer recht entlegenen Inselgruppe im Pazifik findet.

Das Maß für die Fitness, die Darwin meinte, ist somit nicht die Dauer eines individuellen Lebens. Vielmehr kann nur derjenige im Wettstreit der Organismen erfolgreich genannt werden, der Nachkommen zurücklässt. Genauer: Was zählt, ist die Zahl seiner Nachkommen, die ebenfalls wieder Nachkommen zeugen. Und noch genauer: Was zählt, ist die Zahl seiner Nachkommen, die ebenfalls wieder Nachkommen zeugen, im Vergleich zur entsprechenden Nachkommenzahl der sich ebenfalls fortpflanzenden Artgenossen.

Die universelle Knappheit zeigt sich angesichts des biologisch universellen Versuchs, fruchtbar zu sein und sich zu mehren, in ihrer nüchternen Erbarmungslosigkeit. Es steht einfach nicht genügend Nahrung und Lebensraum zur Verfügung. Es ist kein Platz da für all den Nachwuchs, den die unterschiedlichsten Fortpflanzungsorgane produzieren könnten, und keine Mittel, diesen in die

Welt zu setzen und in ihr zu halten. Lebensressourcen sind knapp. Biologisch erfolgreich ist deshalb der, dem es trotz aller Schwierigkeiten gelingt, sein Erbgut erfolgversprechend in die nächste Generation weiterzugeben. Derjenige, der am effizientesten Ressourcen nutzen und in Selbsterhaltung und Nachwuchs umsetzen kann, also im besten Sinne ökonomisch handelt, sichert seiner Erblinie auf diese Weise das Überleben. Jedes Lebewesen agiert somit quasi als Manager in eigener Sache. Der Auftrag dabei ist stets der gleiche: besser zu sein als die Konkurrenz.

Die Knappheit in der Lebenswelt mit der Konsequenz einer unterschiedlichen Fortpflanzung der Individuen führt zu dem, was Charles Darwin *natural selection* nannte. Rein theoretisch verfügt jede Population über ein unbegrenztes Vermehrungspotenzial, und ihre Mitgliederzahl würde unter beschränkungsfrei gedachten Bedingungen letztlich ins Unendliche ansteigen. Unter natürlichen Verhältnissen ist ein unbegrenztes Populationswachstum freilich nicht möglich, weil die zur Vermehrung notwendigen Ressourcen (zum Beispiel Nahrung, Brutplätze, Geschlechtspartner, elterliche Fürsorge, soziale Unterstützung) nicht beliebig verfügbar sind und damit Wachstumsgrenzen abstecken. Es werden immer mehr Nachkommen gezeugt, als sich ihrerseits fortzupflanzen vermögen. Das führt ganz zwangsläufig zu jener Konkurrenz unter den Lebewesen, von der schon die Rede war. Einige Individuen können nun aber aufgrund ihrer Merkmale und Eigenschaften die knappen Ressourcen besser erschließen und sie effektiver in Reproduktion umsetzen als andere. So nimmt der relative Anteil des Erbmaterials dieser überdurchschnittlich erfolgreichen Individuen im Genpool – der Gesamtheit der Gene einer Population – zu: Diejenige Erbinformation, deren Trägerindividuen für sich die Wachstumsgrenzen am weitesten hinauszuschieben vermögen, also am effektivsten Nahrung beschaffen, Raubfeinden entgehen, Krankheitserregern widerstehen, sozialer Konkurrenz standhalten, Geschlechtspartner werben, Nachkommen großziehen und so weiter, nimmt mit der Zeit zu, während die Erbinformation der Verlierer im darwinischen Konkurrenzkampf seltener wird und schließlich ganz verschwindet.

Im Verlauf der Stammesgeschichte sind so die genetischen Dispositionen für alle Aspekte der Lebensgestaltung (seien sie vorrangig körperlicher oder psychologischer Art) zwangsläufig und ganz ungeplant auf reproduktive Effizienz hin optimiert worden. Diesen Prozess nennt man in der Evolutionsbiologie Anpassung, sein Ergebnis ist die Angepasstheit der Organismen an ihre sozialen und ökologischen Lebensbedingungen. Die biologische Angepasstheit der Lebewesen äußert sich sowohl im Design ihrer Baupläne und physiologischen Regelmechanismen als auch in den Grundmustern ihres Verhaltens. Und die Verhaltensregel Nr. 1 lautet: „Verschwende nichts! Stecke alle Ressourcen, die dir verfügbar sind, in Selbsterhaltung und Fortpflanzung!" Eine zwangsläufige Folge der universellen Knappheit.

Mit „Mutter Natur", wie sie die Dichter nannten, scheint es somit nicht allzu weit her zu sein. Das Bild einer gütigen großen Macht, die fürsorglich über ihre Zöglinge wacht, lässt sich nach den dargelegten Erkenntnissen auch nicht ansatzweise retten. Wenn man unbedingt an dem blumigen Ausdruck festhalten will, dann geht kein Weg daran vorbei, Mutter Natur als äußerst knauserige Herrscherin im Reich des Lebens darzustellen. Wer ihren Anforderungen nicht gerecht wird, hat seine Chance verwirkt — und zwar für immer.

Nüchtern betrachtet, geht natürlich auch diese Beschreibung fehl. Die Natur ist keine personale Größe, sei sie wohlwollend oder nicht. Natur ist vielmehr der Name für ein System, in dem Individuen unterschiedlichster Spezies um die für ihr Überleben und ihre Fortpflanzung notwendigen Ressourcen konkurrieren. Diese Konkurrenz kann sowohl zwischen verschiedenen Arten als auch — im Allgemeinen wesentlich schärfer — innerhalb einer Art stattfinden. Man kann die Natur als einen Markt verstehen: Nachfrage und Angebot stehen sich gegenüber, und stets übertrifft die Nachfrage das Angebot bei weitem. In der Praxis bedeutet dies, dass nie alle Organismen überleben und sich fortpflanzen können.

▶ Marktstrategien oder das Kalkül des Riesenbovists

Riesenboviste sind Pilze, und wie alle Pilze gedeihen sie größtenteils unterirdisch. An der Erdoberfläche wachsen nur die Fruchtkörper, mit denen die Sporen, aus denen die nächste Generation hervorgehen kann, verbreitet werden. Sie haben die Form einer Kugel und erreichen die Größe eines Fußballs. Gefüllt sind diese Kugeln mit einer unglaublich großen Zahl von Sporen, die unter entsprechenden Bedingungen das Entstehen neuer Boviste nach sich ziehen. Würde dies allen Sporen gelingen, dann wäre — statistisch gesehen — die gesamte Landfläche der Erde mit einer zehn Meter dicken Schicht von Riesenbovisten bedeckt. Dass dem offenbar nicht so ist, zeigt ein Blick aus dem Fenster: Aller Wahrscheinlichkeit nach wird weit und breit kein Riesenbovist zu sehen sein. Und das, obwohl seit erdgeschichtlich sehr langen Zeiten diese Spezies nicht aufhört, immer wieder Sporen in einer Zahl freizusetzen, als wollte sie die Weltherrschaft erringen.

Um das angeführte Bild von der Natur als Markt aufzugreifen: Man könnte meinen, dass der Riesenbovist die Spielregeln dieses Marktes nicht begriffen hat. Die Regel Nr. 1, „Verschwende nichts!", scheint ihn nicht zu bekümmern. Dieses Urteil wäre jedoch fundamental falsch. 99 Prozent aller Arten, die je gelebt haben, sind ausgestorben — der Riesenbovist nicht. Also kann das, was er tut, so falsch nicht sein. Wenn man sich die Lebensweise dieses Organismus vor Augen führt, wird deutlich, warum es sich hier vielmehr um eine erfolgreiche, biologisch angepasste Strategie handelt. Die Standorte, an denen Boviste wachsen können, liegen weit auseinander. Aufgrund unterschiedlicher Klimabedingungen können diese darüber hinaus von Jahr zu Jahr variieren. Das Kalkül, das hinter der Verbreitungsstrategie des Bovists steht, ist also: viele Chancen schaffen, dann wird vielleicht zumindest *ein* Los in der Reproduktionslotterie gewinnen.

Biologen reden in diesem Fall von einem r-Strategen. Nicht nur die Boviste verhalten sich auf diese Weise, sondern eine große Zahl von Lebewesen, so zum Beispiel Fische und Frösche. Sie setzen viel mehr Nachwuchs in die Welt, als überleben kann. Dabei handelt es sich aber nicht um einen verschwenderischen Fehler, wie man auf den ersten Blick meinen könnte, sondern um eine Strategie, die sich in der Vergangenheit immer wieder als erfolgreich erwiesen hat.

Das Gegenteil dieser r-Strategen sind die so genannten K-Strategen, die zwar wenig Nachwuchs in die Welt setzen, aber dafür viel in dessen Aufzucht investieren. Ein gutes Beispiel hierfür sind die Menschenaffen. Schimpansen haben in der Regel nur ein Junges. Dieses Junge bleibt über lange Zeit von der Mutter abhängig und profitiert von deren Fähigkeiten und Erfahrungen. Erst wenn das Junge abgestillt ist, paart sich die Mutter erneut. Zwischen den Geburten eines Schimpansenweibchens liegt somit ein Zeitraum von ungefähr fünf bis sechs Jahren. Der wenige Nachwuchs wird so umsorgt, dass er mit größtmöglicher Wahrscheinlichkeit überlebt und sich fortpflanzt. Diese Strategie der qualitätssteigernden Investition in den Nachwuchs verfolgen zum Beispiel Affen, Wale, Pinguine, Tiger und nicht zuletzt wir Menschen.

Kontrastiert man das Vorgehen der r- und K-Strategen, der Viel- und der Wenigreproduzierer, so kommt man zu dem Ergebnis, dass beide letztendlich auf die gleiche Herausforderung reagieren: die Knappheit der Ressourcen. Das Problem, dem sich alle Individuen gleichermaßen gegenübersehen, lautet ganz praktisch: Wie sorge ich dafür, dass mein Erbgut im unendlichen Evolutionsspiel eine Runde weiterkommt? Die genannten Lösungen dieses Problems könnten unterschiedlicher nicht sein, und auf den ersten Blick wirkt es alles andere als logisch, auf die gleiche Situation, nämlich Ressourcenknappheit, mit entgegengesetzten Verhaltensmustern zu reagieren. Auf den zweiten Blick allerdings — nämlich unter Beachtung des ökologischen Rahmens der jeweiligen Spezies — wird klar, warum Schimpansen und Riesenboviste sehr gut beraten sind, wenn sie unterschiedliche Fortpflanzungsstrategien verfolgen. So kann der Riesenbovist außer seiner genetischen Ausstattung seinen Sporen nichts mitgeben, was ihnen das Überleben erleichtern würde. Ihre große Zahl aber macht es wahrscheinlich, dass zumindest hier und da auch in Zukunft Riesenboviste wachsen werden.

Ein Schimpanse muss dagegen ein vollkommen anderes Verhältnis zu seinen Nachkommen haben. Die Weibchen haben über Monate einen großen Teil ihrer Körperreserven in den heranwachsenden Fötus investiert. Wenn dieser das Licht der Welt erblickt, ist er hilflos. Nur durch mühevolles Umsorgen kann gewährleistet werden, dass sich dieses hilflose Etwas zu einem erwachsenen Tier entwickelt. Es wird, wenn es die Gefahren des Heranwachsens übersteht, in denselben Wäldern leben wie seine Eltern und die gleichen Dinge essen wie diese. Anders als ein tumber Pilz wie der Bovist kann dieser Primat von seinen Artgenossen lernen, wie er mit seiner sozialen und ökologischen Umwelt umzugehen hat. Aufgrund seiner Intelligenz ist er darüber hinaus in der Lage, neue Lösungen für alte, aber auch neue Probleme hervorzubringen.

Der grundlegende Unterschied zwischen r- und K-Strategen, also Organismen mit viel oder wenig Nachwuchs, besteht somit in deren Lebensräumen. r-Strategen sind gewissermaßen Glücksspieler, die nicht wissen, wo sich die Ressourcen befinden, von denen sich die nächste Generation einmal ernähren soll. Deshalb erzeugen sie viele Nachkommen: Einer wird schon durchkommen. K-Strategen hingegen leben in der Regel in einem stabilen Ökosystem und können durch entsprechende Betreuung sicherstellen, dass ihr Nachwuchs bis zur Geschlechtsreife heranwächst, konkurrenzfähig wird und seine Lebensnische zu beherrschen lernt.

Natürlich haben zu keinem Zeitpunkt der Erdgeschichte Pilze mit kugelförmigen Furchtkörpern oder Primaten, für die der aufrechte Gang immer nur zweite Wahl blieb, explizite Überlegungen darüber angestellt, wie sie sich am erfolgreichsten fortpflanzen. Wie es trotzdem zu dem gekommen ist, was Wissenschaftler heute beobachten, hat Charles Darwin sehr einleuchtend erklärt. Die Väter und Urväter, Mütter und Urmütter der Lebewesen, die heute die Welt bevölkern, waren immer nur die, deren Reproduktion glückte. Die Boviste, die es mit wenigen Sporen versuchten, blieben ohne Nachwuchs und verschwanden von der Bühne des Lebens. Genauso wird es den Menschenaffenvorfahren ergangen sein, die viele Junge in die Welt setzten, sich dann aber nicht angemessen um diese kümmern konnten.

Natürlich hat noch nie ein Lebewesen einen detaillierten Nutzungsplan für sein Ökosystem entworfen, den ein Mensch hätte einsehen können. Indirekt, durch geduldige Verhaltensbeobachtungen, ist es aber sehr wohl möglich zu belegen, dass es nicht nur wir Menschen sind, die zwischen verschiedenen Handlungsalternativen wählen. Das eigentlich Beeindruckende an diesen Beobachtungen ist jedoch, dass Tiere ihre Wahl nach Kriterien treffen, die man mit Fug und Recht wirtschaftlich nennen kann. So wurden in der Gegend des Mount McKinley in Kanada Gruppen von jungen Wölfen beobachtet, die teilweise tagelang einen eingekreisten Elch belagerten. Am Ende dieses Psychoduells zwischen Beute und Jäger war es aber oft der riesige Pflanzenfresser, der seines Weges zog und seine Widersacher mit knurrenden Mägen zurückließ. Die Wölfe hatten ihre Chancen erwogen und auf einen Kampf mit dem Fleischberg verzichtet — denn das schönste Futter in Reichweite nützt nichts, wenn es einen eher tötet als satt macht.

Warum aber sollte man dieses Verhalten der Wölfe als ein ökonomisches betrachten? Der überzeugendste Grund für diese Betrachtungsweise ist, dass sie uns das, was passiert, verständlich macht. Wir wollen verstehen, was da draußen in der Welt vor sich geht, und ein analytisches Werkzeug wie die ökonomische Theorie gibt uns die Möglichkeit, Gemeinsamkeiten in den nahezu unendlich vielen verschiedenen Interaktionen von Lebewesen aufzuzeigen, denen wir uns gegenübersehen.

Die Natur ist komplex. Eine gute Theorie erlaubt es uns, diese Komplexität zu reduzieren und damit die Welt besser handhabbar zu machen. Diese Leistungsfähigkeit spricht eindeutig für die Verwendung ökonomischer Betrachtungsweisen in den Biowissenschaften. Manche Forscher sprechen in diesem Zusammenhang von Bioökonomie[4] oder von biologischen Märkten[5], weil sie das Erklärungspotenzial dieses Ansatzes als absolut zentral für das Verständnis alles Lebendigen erachten.

▶ Schöne Natur oder hässlicher Markt?

So schlüssig die Erklärungen sein mögen, mit denen dieser theoretische Ansatz aufwarten kann, er stößt vielerorts auf einen mehr oder weniger expliziten Widerwillen. Die Natur ist nicht so, lautet das mehr intuitiv als logisch motivierte Gegenargument derer, die sich mit dieser Position nicht anfreunden können. Hinter dem Einwand steht die Überzeugung, dass die Natur bei dieser Art von Erklärung in einer Weise beschnitten und in ein Zwangskorsett gepresst wird, die ihrer Fülle, ihrer Schönheit und ihrem Reichtum nicht gerecht wird. Auch wenn man mit wirtschaftlichen Modellen vieles erklären könne, das Wesentliche an der Natur bleibe auf diese Weise unberücksichtigt.

Die Vertreter des ökonomischen Ansatzes können sich mit dem Hinweis verteidigen, dass sie der Natur weder Schönheit, Reichtum noch Fülle nehmen. Dass der von ihnen vertretene Ansatz manchen Menschen diesen Eindruck vermittelt, liegt am Naturverständnis unserer westlich zivilisierten Welt. Der überwiegende Teil der Bevölkerung lebt und arbeitet fast ausschließlich in einer von der menschlichen Kultur geschaffenen Umwelt. Wer um der Abwechslung und Entspannung willen am Wochenende im Wald spazieren geht, will diesen nicht als Ort eines permanenten Ringens um Leben und Tod erleben. Der Aufenthalt in der Natur soll die Sinne erfrischen, Ruhe verschaffen und die Möglichkeit zur Muße geben. All dies geht, weil die menschliche Kultur über Jahrtausende daran gearbeitet hat, unser doch recht anfälliges Leben von den Zufällen und Unbilden der uns umgebenden Natur unabhängig zu machen. Als schließlich die Natur als Feind gebannt war, konnte man beginnen, sie unter einem gänzlich anderen Gesichtspunkt zu erleben. Das einst bedrohlich dunkle Meer der Bäume wurde zum majestätisch ruhenden Wald. Flüsse mussten nicht mehr als möglicher Quell von Fluten und Hochwassern gesehen werden, sondern konnten zu beständig sich wandelnden Symbolen für das Kommen und Gehen im menschlichen Leben werden. Die Natur hörte auf, Gegner zu sein. Die Dichter der vergangenen Jahrhunderte gaben dieser Wende im Weltverständnis literarische Gestalt. Nicht dass die Natur leer und bedeutungslos wurde — ganz im Gegenteil. Sie wurde vielmehr zur Projektionsfläche großer Gefühle: Man denke nur an die Bilder eines Caspar David Friedrich (1778–1840). Jedermann hatte die Freiheit, was immer er suchte, in diesem Reich außerhalb der Herrschaft des Menschen zu finden.

Gesucht wurde im Schoß von Mutter Natur natürlich genau das, was die Suchenden unter ihresgleichen vermissten: Frieden, Ruhe, Harmonie und eine Schönheit, die nicht nur darauf zielt, in Geld aufgewogen zu werden. Und in der Tat, all dies konnte und kann der Zivilisationsmüde hier finden. Genauer gesagt, er sieht das, was er zu sehen wünscht, und sein existenzieller Durst wird gestillt.

Wer mit derart erbaulichen Bedürfnissen einem Ökosystem gegenübertritt, benutzt das, was er sieht, mehr als Selbstfindungsstimulanz als zum Gewinn von Erkenntnis. Natürlich ist es vollkommen legitim, sich an der Natur zu erfreuen. Man sollte sich von seinem Müßiggang jedoch nicht zu dem Irrtum verleiten lassen, dass man tatsächlich ein Reich der Muße vor sich hat. Bei näherem Hinsehen erweist sich jegliche Lebensgemeinschaft als hochgradig zweckrational. Überleben und Fortpflanzen sind die beiden Grundmotive, die das Verhalten aller Beteiligten steuern. Die Begrenztheit der Ressourcen bildet dabei gewissermaßen die Bühne, auf der diese Ziele verfolgt werden, und erklärt die unausweichliche Konkurrenz der Organismen, die den Biologen überall und in tausenderlei Form begegnet. Sehr vermenschlichend könnte man sagen, dass jeder, der an dem großen Spektakel Natur teilnimmt, Erfolg haben will und muss. Das Scheitern der meisten beteiligten Individuen ist aufgrund dieser Ausgangskonstellation unausweichlich, denn die Quellen des Erfolgs — Nahrung, Lebensraum, Sexualpartner — sind begrenzt und deshalb umkämpft. Es handelt sich also bei dem, was wir als Natur bezeichnen, um ein ökonomisch strukturiertes System. Ökonomisch ist dieses System nicht deshalb, weil seine Teilnehmer sich ihres Wettbewerbs bewusst wären, sondern weil der, der sich nicht ökonomisch sinnvoll verhält, keine Chance auf biologischen Erfolg hat.

▶ Gewinnauszahlungen

Die Offenlegung der ökonomischen Grundstruktur der Natur ermöglicht weit reichende und differenzierte Analysen der vielfältigen Lebensäußerungen in unserer Umwelt. So, wie man die Handlungen eines Menschen danach bewertet, wie sehr diese einem angestrebten Ziel dienlich sind, so kann man auch bei unseren näheren und ferneren tierlichen Verwandten vorgehen. Die Kenntnis der angestrebten Handlungsresultate erlaubt es dem Beobachter, zwischen besseren und schlechteren Alternativen zu unterscheiden. Der Lebenszweck, der allen Organismen, so unterschiedlich sie auch sein mögen, innewohnt, ist das auf die eigene Fortpflanzung ausgerichtete Überleben. Bei jedem zu beobachtenden Verhalten kann man folglich die Frage stellen, wie gut es diesem Zweck dient.

Ein Beispiel hierfür sind die See-Elefanten, die sich jedes Jahr an denselben Küstenabschnitten der südlichen Hemisphäre versammeln.[6] Die zuerst eintreffenden Männchen etablieren untereinander eine Rangordnung, die ein direktes Abbild des Durchsetzungsvermögens und der körperlichen Kraft der einzelnen Tiere darstellt. Der alle anderen dominierende Alphabulle wird, wenn schließlich die Weibchen eintreffen, derjenige sein, der die meisten von ihnen begattet. Sehr viele See-Elefanten der nächsten Generation werden Nachfahren dieses einen Tieres sein.

Zwar gelingt es dem Alphamännchen nicht, die Weibchen vollständig zu monopolisieren, aber in letzter Konsequenz wäre genau dies das Ziel, auf das seine Strategie angelegt ist. Jedes andere Männchen würde sich genauso verhalten, wenn es denn könnte — wenn es das stärkste und somit dominante Tier am jeweiligen Strand wäre. Nur wer die Alphaposition für sich erringen kann, bekommt privilegierten Zugang zur in diesem Fall wichtigsten Fortpflanzungsressource: den fruchtbaren Weibchen. Wer in der sozialen Hierarchie der Männchen ganz unten rangiert, kann lediglich darauf hoffen, sich in einem unbeobachteten Moment mit einem der Weibchen zu verpaaren. Derartige Heimlichtuerei ist die einzige Chance rangniedriger Männchen auf eigenen Nachwuchs.

Jeder in der Hierarchie über ihnen stehende Konkurrent würde sie gnadenlos vertreiben, um seinerseits zum Zug zu kommen.

Aus der Sicht des Alphabullen erfüllt dieses System seinen Zweck, denn es ist *sein* Erbgut, das sich in den Jungen, die im nächsten Jahr zur Welt kommen, vermehrt wiederfindet. Die Gene in jeder seiner Körperzellen haben mit dafür gesorgt, dass er zu der imposanten Erscheinung heranwuchs, die es ihm schließlich ermöglichte, die Position eines Alphatiers zu erringen. Seine Samenzellen, die mit den weiblichen Eizellen verschmelzen, tragen dieses überaus taugliche Erbgut weiter.

Die Gesamtheit der Gene, über die ein Organismus verfügt, wird auch als Genom bezeichnet. Das Genom ist gewissermaßen das Programm, das die Entwicklung eines Lebewesens steuert. Die Gene können mit Unterprogrammen für bestimmte Funktionsbereiche des Gesamtorganismus verglichen werden. Jedes Gen ist stets doppelt vorhanden, wobei eine Kopie vom Vater und die andere von der Mutter stammt. Lediglich in den Keimzellen beider Geschlechter, den Samen- und Eizellen, befindet sich ein halbiertes Genom, in dem jedes Gen nur einmal vorhanden ist. Vereinigen sich diese Zellen nach der Paarung, so addieren sich deren Genausstattungen, und es entsteht ein neues vollständiges Genom. Dabei sind fünfzig Prozent aller Gene Erbstücke mütterlicherseits, während der ebenso große Rest vom Vater stammt.

Auf genetischer Ebene kann bei einem See-Elefantenbullen also dann von Erfolg gesprochen werden, wenn sich seine Gene in einem möglichst großen Teil der nachfolgenden Generation wiederfinden. Auch auf dieser, dem bloßen Auge entzogenen, molekulargenetischen Ebene bleibt die ökonomisch nach Kosten und Nutzen fragende Betrachtungsweise absolut überzeugend. Biologen sind sich einig, dass diese Ebene der DNA-Moleküle die zum Verständnis des Evolutionsgeschehens entscheidende ist — mehr noch: Es ist diese Ebene der Kosten-Nutzen-Bilanz, die in letzter Analyse allen organismischen Verhaltensentscheidungen zugrunde liegt, auch wenn diese Entscheidungen an ganz anderer Stelle, nämlich im Nervensystem getroffen werden.

Was aber ist bei dieser Rechnung mit den Weibchen, die ebenfalls für fünfzig Prozent der genetischen Ausstattung eines Jungtiers verantwortlich sind? Darüber hinaus sind sie es ja, die den heranwachsenden Embryo in ihrem Körper nähren. Und nicht nur das: Auch nach der Geburt hängt das Schicksal des neuen Lebens einzig und allein von ihnen ab. Ohne ihre Milch und Fürsorge ist ein Überleben nicht möglich. Somit ergäbe sich für die Weibchen eine vollkommen andere Situation als für die Männchen. Könnte es sein, dass hier die ökonomische Betrachtungsweise nicht mehr greift? Die Konkurrenz, die unter den Männchen so offensichtlich ist, scheint beim anderen Geschlecht schlichtweg nicht vorhanden zu sein. Tragen die Männchen ihre Dominanzkämpfe womöglich auf Kosten des körperlich schwächeren Geschlechts aus?

Auch wenn es auf den ersten Blick so scheint: Diese Überlegungen sind grundlegend falsch. Auch die See-Elefantenweibchen, die deutlich kleiner sind als die ausgewachsenen Bullen, verhalten sich, wenn schon nicht rational, so doch hochgradig quasi-rational. Sie haben dabei das gleiche Ziel wie ihre Paarungspartner („Ziel" natürlich nicht verstanden als wahrgenommenes Motiv), finden sich aber in einer völlig anderen Ausgangsposition. An dieser Stelle ist es hilfreich, auf den angeführten Vergleich der Fortpflanzungsstrategien von Riesenbovisten und Schimpansen zurückzukommen. Grob analogisierend könnte man sagen, dass sich die See-Elefantenbullen wie Riesenboviste verhalten und die weiblichen Tiere wie Schimpansen. Die Pointe an diesem Vergleich ist nicht, *dass* sie sich so verhalten, sondern dass sie sich aufgrund der gegebenen Konkurrenzsituation so verhalten *müssen*, um erfolgreich zu sein.

See-Elefantenbullen können durch nichts sicherstellen, dass der von ihnen gezeugte Nachwuchs zu sich ihrerseits erfolgreich fortpflanzenden erwachsenen Tieren heranwächst. Väterliche Fürsorge ist bei dieser Tierart unbekannt. Aufgrund dieser Tatsache ist es die vielversprechendste Taktik, sich mit so vielen Weibchen wie möglich zu paaren. Natürlich wird ein Teil der Jungtiere den Fährnissen des halbmarinen Lebens zum Opfer fallen und sterben. Wer aber mehr Weibchen begattet hat als seine Konkurrenten, der kann davon ausgehen, dass nach dem zu erwartenden Schwund innerhalb eines Geburtenjahrgangs immer noch vergleichsweise viele Tiere von ihm abstammen werden.

Kann ein männlicher See-Elefant eine fast unbegrenzte Zahl von Nachfahren zeugen, so sind die biologischen Möglichkeiten der Weibchen eindeutig begrenzter. Sie können pro Jahr ein Junges zur Welt bringen und versuchen, dieses großzuziehen. Stirbt es, so kann der Zyklus deshalb nicht abgekürzt werden. Die Zahl der Nachfahren, die eine See-Elefantenkuh in ihrem Leben hervorbringen kann, bleibt somit auf jeden Fall sehr überschaubar. Deren Überleben und weiterer Erfolg ist neben allen Unwägbarkeiten von zwei Faktoren abhängig: der mütterlichen Fürsorge und der genetischen Ausstattung. Dieser Punkt ist es, an dem das Verhalten der Mütter deutliche ökonomische Präferenzen erkennen lässt. Die Weibchen paaren sich mit dem dominanten Bullen nämlich nicht, weil sie keine Alternative hätten, sondern weil es die erfolgversprechendste Option für ihren Nachwuchs und damit das Weiterleben der eigenen Gene ist. Etwa die Hälfte der Jungtiere ist männlichen Geschlechts und wird sich somit irgendwann in den alljährlichen Dominanzrivalitäten bewähren müssen. Die Aussichten des Nachwuchses, es in der Paarungshierarchie auf den ersten Platz zu bringen, sind eindeutig größer, wenn sich das Weibchen von einem Bullen begatten lässt, der diese Position innehat. Der sichtbare Erfolg in der Rangordnung der männlichen Tiere ist — unter sonst gleichen Bedingungen — ein Zeichen für die hohe Qualität der Gene, an denen ihr Nachwuchs mittels Paarung teilhaben kann. Indem sich eine See-Elefantenkuh für das stärkste Männchen als den Vater ihres nächstjährigen Nachwuchses entscheidet, trifft sie eine ganz klar nutzenmaximierende Entscheidung. Im günstigsten Fall könnte sie durch ihre Wahl zur Mutter eines zukünftigen Alphabullen werden und so für eine geradezu explosionsartige Verbreitung ihrer Gene in der Enkelgeneration sorgen.

Es sind also nicht nur die männlichen Tiere einer See-Elefantenpopulation, bei denen sich ein ökonomisches Verhalten nachweisen lässt. Auch die viel zierlicheren Weibchen beweisen durch ihr unspektakuläres, aber doch alles andere als zufälliges Verhalten, dass sie gut haushalten. Beide Geschlechter verhalten sich so, als verfolgten sie bewusst das Ziel, möglichst viele Kopien der eigenen Gene an die Nachfahren weiterzugeben. Freilich *will* kein See-Elefant und auch sonst kein Lebewesen seine Gene möglichst erfolgreich weitergeben. Das biologische Evolutionsgeschehen hat lediglich in langen Versuch-und-Irrtum-Prozessen von Mutation und Selektion die verhaltenssteuernde Maschinerie der See-Elefanten so eingerichtet, *als ob* die Tiere bewusst strategische Ziele verfolgten. Eines solchen Motivs bedarf es gar nicht, weil in der nüchternen Bilanz der natürlichen Selektion einzig zählt, was letztlich dabei herauskommt: die Zahl der weitergegebenen Genkopien.

Wollte man die Strategien der See-Elefanten mit einer menschlichen Charaktereigenschaft bezeichnen, so wäre egoistisch wohl am treffendsten. Es überrascht nicht, dass der Biologe Richard Dawkins im Jahre 1976 ein viel diskutiertes Buch mit dem Titel *Das egoistische Gen* veröffentlichte.[7] Dawkins' Innovation war es, den Egoismus nicht dem ganzen Organismus, sondern dessen Erbgut zuzuschreiben. Bei ihm wurden all die Lebensformen, um die sich bis dato die Evolution zu drehen schien, zu bloßen Überlebensmaschinen der Gene. Sie waren es, diese Codeketten aus dem Riesenmolekül Desoxyribonucleinsäure (DNA), die im Zentrum der dreieinhalb Milliarden Jahre langen Geschichte des Lebens standen.

Und in der Tat: Die Weitergabe der Gene an folgende Generationen scheint die Aufgabe zu sein, die bei allen Lebewesen die höchste Priorität genießt. Wie schwierig dieses Geschäft angesichts von Knappheit und Konkurrenz ist, haben wir bereits erörtert. Die spannende Frage ist, was die dabei Erfolgreichen gemein haben. Die nicht mehr ganz überraschende Antwort: Die Sieger im darwinischen Fitnessrennen haben Ressourcen effizienter in Reproduktion zu überführen vermocht als ihre unterlegenen Mitbewerber. Und um dies zu erreichen, mussten sie die Regel Nr. 1 beherzigen: „Verschwende nichts!"

► Marktinvestitionen und Allokationskonflikte: die ökonomische Rationalität einer suizidalen Spinne

Wie das Beispiel der See-Elefanten gezeigt hat, konkurrieren vorrangig nicht die Arten miteinander, sondern die Angehörigen derselben Art. Im 19. und weit bis ins 20. Jahrhundert hinein waren viele Wissenschaftler der Überzeugung, dass Evolution wie ein Mannschaftssport funktioniere. Diese Ansicht, wonach ganze Fortpflanzungsgemeinschaften antreten, um sich gegenseitig aus dem erdhistorischen Rennen zu werfen, ist inzwischen jedoch selbst zu einem Stück Geschichte geworden. Die Gegenwart gehört dem Individuum und seinem Streben nach reproduktivem Erfolg.

Dass dieses Streben mitunter sonderbare Wege gehen kann, offenbart sich unter anderem in der Welt der Skorpionsfliegen.[8] Bei diesen Insekten geht der Paarung ein Handel voraus. Das Männchen betreibt nämlich Brautwerbung, indem es der Auserwählten eine Beute präsentiert und überlässt, um sich im Gegenzug mit ihr zu vereinigen. Dieses *food for sex*-Geschäft ist schon seit längerer Zeit bekannt. Die bis hierhin gegebene Schilderung stellt jedoch nur die halbe Wahrheit dar. Es gibt nämlich Weibchen, die sich nicht mit jeder x-beliebigen Hochzeitsgabe zufrieden geben. Nur wer eine Nahrungsportion herbeischafft, die den Ansprüchen der Umworbenen gerecht wird, darf darauf hoffen, zum Zug zu kommen.

Findige Wissenschaftler kamen auf die Idee zu untersuchen, ob die Größe der Gabe, mit der sich das Skorpionsfliegenweibchen betören lässt, und das quantitative Ergebnis der Paarung in irgendeinem Zusammenhang stehen. Heraus kam, dass wählerische Weibchen, die nur große Mitbringsel akzeptieren, im Mittel mehr Eier legen als leichter zu habende Geschlechtsgenossinnen. Es handelt sich bei dem überreichten Insekt also nicht nur um schönen Schein, sondern um wert- und wirkungsvolle Nährstoffe, die der Körper des Weibchens in die Produktion von Eiern investiert.

Für die Beschenkte ist es somit hochgradig sinnvoll zu warten, bis ihr ein wirklich dicker Happen präsentiert wird. Mehr Nahrung bedeutet in der Konsequenz auch mehr Nachwuchs.

Aus demselben Grund ist eine große Hochzeitsgabe auch für das Männchen eine Investition, die sich im Durchschnitt rechnet. Nicht nur, dass es auf diese Weise überhaupt die Chance erhält, Nachwuchs zu zeugen. Mittels seiner Nahrungsgabe kann es zudem auf die Anzahl seiner Kinder Einfluss nehmen. Damit leistet es eindeutig mehr als der See-Elefantenbulle, der trotz seiner imponierenden Größe außer seinen Samen nichts zum Werden des Nachwuchses beiträgt. Nur bei den Weibchen kann man ernsthaft von einer elterlichen Investition sprechen. Sie sind es, von deren Stoffwechsel die Ressourcen abgezweigt werden, aus denen Embryos entstehen. Aber im Falle des Skorpionsfliegenmännchens kann man von einer Investition reden, die über die bloßen Keimzellen hinausgeht. Die Nahrung für die zukünftige Mutter ist somit nicht eine Gabe selbstloser Liebe, sondern ein gezielter Einsatz von Ressourcen, um den Fortbestand der eigenen Gene zu fördern.

Dass diese Weitergabe der eigenen Gene in die nächste Generation noch viel sonderbarere Wege gehen kann, offenbart sich unter anderem in der Welt der Spinnen. Diese achtbeinigen Gliedertiere, die mit Insekten, Krebsen und den ausgestorbenen Trilobiten verwandt sind, krabbeln seit dreihundert Millionen Jahren über die Oberfläche unseres Planeten. Aufgrund ihrer Anatomie war und ist es für diese Wesen ausgeschlossen, in Größendimensionen wie die der See-Elefanten vorzustoßen. Die größten Exemplare bringen es auf eine Körperlänge von neun Zentimetern. Die überwiegende Mehrheit bewegt jedoch mit ihren acht Beinen einen deutlich kleineren Körper.

Die bei den Skorpionsfliegen so erfolgreiche Strategie der Männchen, die Weibchen mit Nahrung zu unterstützen, hat bei manchen Spinnen, aber auch bei Gottesanbeterinnen und einigen Skorpionen eine makabre Extremvariante hervorgebracht: den so genannten sexuellen Kannibalismus.[9] In diesem Fall frisst die weibliche Spinne keine mehr oder weniger beliebige Hochzeitsgabe, sondern das Männchen selbst, das sie wenige Augenblicke zuvor besamt hat. Es scheint sich hier gewissermaßen um eine aus dem Ruder gelaufene Version eines eigentlich höchst zweckmäßigen Tausches zu handeln. Man könnte den Deal folgendermaßen charakterisieren: Du wählst mein Erbgut für deinen Nachwuchs und ich verschaffe dir die notwendige Nahrung, um diesen dann in die Welt zu setzen. Auf diese Weise ist beiden Seiten gedient. Das postsexuelle Verspeisen des Männchens scheint den Pakt jedoch aufs Gröbste zu verletzen.

Wohlgemerkt: scheint, denn die Rechnung geht genauso auf wie zuvor. Die einzige Zusatzannahme, die man machen muss, damit dieses schaurige Szenario plausibel bleibt: Weibchen sollten so selten anzutreffen sein, dass ein Männchen, selbst wenn es die erste Begegnung mit dem anderen Geschlecht überlebt, praktisch keine Chance hat, ein zweites Mal als Erzeuger von Babyspinnen in Erscheinung zu treten. Es handelt sich bei diesem Verhalten also nicht um eine Perversion im Reiche achtbeiniger Monstrositäten. Was diese Spinnen praktizieren, ist hochgradig zweckorientierter Mitteleinsatz. Man könnte sogar sagen, dass hier das wahre Wesen der Evolution auf einen schaurig prägnanten Punkt gebracht wird: Nicht Überleben ist das primäre Ziel, sondern sich fortpflanzen. Spencers Diktum vom *survival of the fittest* müsste, wenn man der Welt in ihre unzähligen Spinnenaugen schaut, eigentlich *cannibalism of the fittest* heißen. Der vermeintliche Mord am Kindesvater erweist sich aus dieser Perspektive eher als eine reproduktionsdienliche Selbstopferung des Männchens denn als erzwungener Preis eines sexuellen Abenteuers.

Es handelt sich hier um einen vollständig rational nachvollziehbaren Akt des Ressourcenmanagements. Dass hier die beste der für diese Arten möglichen Handlungsweisen vorliegt, lässt sich einfach beweisen. Man nehme nur an, ein Männchen würde sich nicht fressen lassen und nach und nach mehrere Weibchen begatten. Wahrscheinlich würde jede der Paarungspartnerinnen, da hungrig geblieben, eine deutlich geringere Zahl an Eiern legen. Überträfe jedoch die Nachkommenzahl des fliehenden Männchens die eines sich opfernden Männchens, dann stünde zu erwarten, dass sich dieses Verhalten innerhalb weniger Generationen durchsetzt. Mehr Weibchen würden von fliehenden Männchen begattet, was wiederum zu einem Anstieg des Prozentsatzes fliehender Männchen in der Folgegeneration führen würde. Das Aussterben der sich als Nahrung opfernden Männchenvariante wäre eine reine Frage der Zeit.

Auf der genetischen Ebene stellt sich dieser Wettbewerb zwischen verschieden vorgehenden Männchen als Konkurrenz unterschiedlicher Gene dar. Langfristig zielen diese unterschiedlichen Programme darauf ab, sich erfolgreich zu reproduzieren und die eigene Frequenz im Genpool der Population der 100-Prozent-Marke entgegenzutreiben. Größtmöglicher Erfolg bedeutet aus dieser Sicht, dass ein Gen oder ein bestimmter Satz von Genen alle jemals vorhandenen Konkurrenten aufgrund der Überlegenheit seiner Überlebensmaschinen zum Aussterben gebracht hat. Beispiele hierfür sind die Gene, die für die so genannte Atmungskette aller Sauerstoff verstoffwechselnden Organismen zuständig sind. Diese DNA-Stücke liefern die Bauanleitungen für die körpereigenen chemischen Werkzeuge, die Enzyme, mit denen Organismen Sauerstoff und Kohlenstoffverbindungen miteinander umsetzen können, um daraus Energie zu gewinnen. Die Genfrequenz dieser absolut lebensnotwendigen Informationen liegt bei 100 Prozent.

Doch zurück zu den mordenden oder sich im wahrsten Sinne des Wortes aufopfernden Spinnen. Das, was bei ihnen vorliegt, der potenzielle Konflikt zwischen einer Flucht- und einer Selbstopferungsstrategie, wird ökonomisch Allokationsproblem genannt. Der Kern dieses Problems ist die Frage, wie man das, was man hat, am effizientesten einsetzt, um der Regel Nr. 1 zu gehorchen: „Verschwende nichts!" Wenn man zwar über Ressourcen verfügt, sich in der Folge aber entscheiden muss, welche von mehreren verfügbaren Handlungsoptionen man wählt, steckt man in einer Zwickmühle. Zumeist schließen sich die verschiedenen gangbaren Wege aus. Wer sich fressen lässt, kann schwerlich weiteren Weibchen begegnen, und wer flieht, hat seine Chance verspielt, in Form von Eiweißen, Fetten und Kohlenhydraten am Aufbau seiner leiblichen Kinder mitzuwirken.

Auch hier findet sich wieder die Knappheit. Von ihr geht der Zwang zur Entscheidung für den bestmöglichen Weg aus. Herrschte kein Mangel, dann wäre der beste Plan für ein Spinnenmännchen zweifelsohne, viele Weibchen zu begatten und diese darüber hinaus fast überreichlich mit Nahrung zu versorgen. Wenn Spinnenmännchen träumen, dann vielleicht von derartigen Paradiesen. Im echten Leben siegen jedoch diejenigen, die ganz pragmatisch das, was sie haben, so einsetzen, dass es am meisten Nachwuchs zeitigt.

In all diesen Einzelfällen, seien es Spinnen, See-Elefanten, Affen oder Riesenboviste, nehmen wir das Ergebnis eines historischen Wettkampfes in Augenschein. Die Organismen, die wir beobachten, sind die Kinder und Kindeskinder derjenigen, denen es gelang, Ressourcen bestmöglich (und das bedeutet: besser als die Konkurrenz) in Reproduktion umzusetzen.

Wozu aber dieses ganze Geschehen, das mindestens zur Hälfte aus Tod und Niedergang zu bestehen scheint? Nirgendwozu, antworten die Naturwissenschaften auf derartige Fragen. Es gibt kein Ziel, das über allem steht. Es handelt sich um ein hochkomplexes System, das sich im Laufe der Zeit verändert — so viel lässt sich sagen. Wer bei diesen Veränderungen von besser oder schlechter im Sinne eines absoluten Wertmaßstabes spricht, benutzt menschliche Kriterien, die an dieser Stelle nicht greifen. Am besten hat es der Biologe und Philosoph Michael Ruse auf den Punkt gebracht, der den naturhistorischen Prozess, dessen Teil auch wir sind, so beschrieb: »Die Evolution geht nirgendwohin — und das ziemlich langsam.«[10] Die Vielfalt des Lebendigen folgt also keinem Plan und strebt auch keinem Ziel entgegen. Was passiert, passiert. Das komplexe System des Lebens, das vor dreieinhalb Milliarden Jahren seinen Anfang genommen hat, entwickelt sich weiter. Wie verschlungen dieses unausgesetzte Wechselwirken verschiedenster Lebensformen ist, zeigt sich auch daran, dass noch heute infrage steht, wie viele Arten es überhaupt auf der Erde gibt. Die Schätzungen schwanken zwischen drei und dreißig Millionen. Sicher kann man sich lediglich darüber sein, dass die Zahl aufgrund menschlicher Aktivitäten beständig abnimmt.

Die Vielfalt, die das System Leben auf unserem Planeten zu bieten hat, mag das Fassungsvermögen des menschlichen Geistes überfordern — theoretisch lässt sich der Komplexität dieses Systems aber ganz gut beikommen. Die ökonomische Betrachtungsweise macht das Verhalten unterschiedlichster Spezies für uns Menschen nachvollziehbar. Nachvollziehbar deshalb, weil wir um den biologischen Imperativ wissen, dem alle Organismen, so unterschiedlich sie auch sein mögen, ein Leben lang gehorchen: Leben heißt Streben nach bestmöglicher Ressourcennutzung, um so möglichst viel eigenes Erbgut in die nächste Generation zu transferieren.

▶ Homo oeconomicus — Business as usual

Was aber ist mit uns Menschen? Auch wir sind aus dem Prozess hervorgegangen, um dessen Analyse wir uns nun bemühen, womit zu vermuten steht, dass sich die Gesetzmäßigkeiten, von denen bisher die Rede war, auch bei uns Menschen wiederfinden. Ist also auch unser Leben, so muss man fragen, in letzter Analyse ein einziger Aufwand zum Zwecke der Genreplikation?

Man könnte natürlich den Standpunkt vertreten, dass sich mit dem Entstehen der Kultur der Mensch gewissermaßen losgesagt hat vom Reproduktionsimperativ der Natur. Dann müsste man allerdings belegen, dass zwischen dem Zugriff, den ein menschliches Individuum auf Ressourcen hat, und der Höhe seines biologischen Reproduktionserfolgs kein Zusammenhang mehr besteht.

Tierliche Sozialstrukturen sind durch ihre Rangordnungen geprägt. Mal finden sich diese nur unter den Männchen, mal nur unter den Weibchen und zuweilen bei beiden Geschlechtern gleichermaßen. Diese Rangordnungen sind kein Selbstzweck, sondern regulieren den Zugang zur Reproduktion. Da Fortpflanzung sozusagen das Nadelöhr der Knappheit ist, treten die ökonomischen Strukturen des Geschehens in der Natur hier am deutlichsten zutage. Die stärksten See-Elefantenmännchen sind es, die am meisten Erbgut weitergeben. Und nur die Alphawölfin eines Rudels wirft Junge und kann sich der Unterstützung der anderen gewiss sein.

Eine hohe Position in der sozialen Hierarchie einer Art bedeutet somit bessere Chancen auf die Weitergabe der eigenen Gene. Wenn der Mensch sich tatsächlich gelöst hätte von den scheinbar so unerbittlichen Gesetzen der Natur, dann dürfte es einen derartigen Zusammenhang bei uns nicht geben. Im Reich der kulturschaffenden Zweibeiner sollte die Kinderzahl von anderem abhängen als von Besitz, Macht und Geld.

Untersuchungen in verschiedenen Teilen der Welt zeigen aber, dass dem nicht so ist. So handelt es sich bei den im südamerikanischen Dschungel beheimateten Yanomami-Indianern zwar um eine egalitäre Gesellschaft, was den Besitz betrifft, nicht aber um ein Zusammenleben ohne soziale Hierarchie. Männer können den Status eines Häuptlings erlangen, was dazu führt, dass ihnen mehr Achtung und mehr Respekt entgegengebracht wird. Es sind jedoch nicht nur derartig immaterielle Güter, in denen sich der Häuptlingsstatus niederschlägt, sondern auch die Zahl der Nachkommen.[11] Männer, die keine Häuptlinge sind, haben mit 35 im statistischen Mittel vier Kinder gezeugt. Häuptlinge gleichen Alters können dagegen auf das Doppelte, nämlich acht Kinder, verweisen.

Im Falle der naturnah lebenden Yanomami greift die ökonomische Sichtweise somit noch. Jedoch praktiziert dieser Urwaldstamm eine sehr ursprüngliche Form des menschlichen Zusammenlebens. Nicht umsonst werden derartige Stammesgemeinschaften von Anthropologen als die letzten Zeugen des Zeitalters verstanden, in dem die gesamte Menschheit ihr Dasein als Jäger und Sammler verbrachte. Die Wurzeln unserer modernen, nachsteinzeitlichen Kultur liegen am Ende der letzten Eiszeit, vor etwa 10 000 Jahren. In dem ehemals Mesopotamien genannten Gebiet, das sich heute auf den Irak und Syrien verteilt, wurde zu dieser Zeit der Ackerbau erfunden. Ein zweiter, einschneidender Entwicklungsschritt ging mit dieser Innovation einher: Die Menschen gaben die nomadische Lebensweise auf und wurden sesshaft. Damit war der geschichtliche Grundstein für die Entwicklung dessen gelegt, was gemeinhin Zivilisation genannt wird. Nicht wenige sind der Überzeugung, dass diese Entwicklung nach wie vor nichts von ihrer Dynamik eingebüßt hat, sondern sich möglicherweise gegenwärtig noch beschleunigt.

Aber auch die Entwicklung dessen, was wir als hochtechnisierte Kultur begreifen, scheint den reproduktiven Imperativ der Evolution nicht zum Verschwinden gebracht zu haben. Zahlen aus den Vereinigten Staaten aus dem Jahr 1960 belegen, dass lediglich fünf Prozent aller Männer mit einem hohen sozialen Status nicht verheiratet waren. Dagegen waren 30 Prozent, also sechsmal so viele ihrer Geschlechtsgenossen von niedrigem sozialen Rang unverheiratet.[12]

Einer der Autoren hat die Entwicklung der Bevölkerung im ostfriesischen Gebiet der Krummhörn untersucht.[13] Aufgrund von Kirchenbüchern, Steuerlisten und andern schriftlichen Quellen war es möglich, recht genaue Daten über das Leben und Sterben der dortigen Menschen im 18. und 19. Jahrhundert zu gewinnen. So entstand gewissermaßen ein über 150 Jahre sich erstreckendes Protokoll von Geburten, Heiraten, Todesfällen und Auswanderungen. Es war eine durch und durch agrarische Gesellschaft, die sich zu dieser Zeit von dem flachen Land nährte. Damit lag nahe, dass die Ressource, die am meisten Einfluss auf den biologischen Erfolg oder Misserfolg eines Lebens hatte, das Land war — genauer gesagt: die Menge an Boden, über die ein Bauer verfügte.

Ein Vergleich zeigte, dass die dortigen Großbauern im Schnitt ein Kind mehr ins heiratsfähige Alter brachten als ihre Nachbarn, die kleinere Felder hatten. Wenn man die Erblinien konsequent weiterverfolgt, zeigt sich, dass sich dieser nicht unbedingt Aufsehen erregende Unterschied in der Folge potenzierte. Binnen 100 Jahren, was ungefähr der Urenkelgeneration entspricht, wuchs die Schar der Nachfahren eines Großbauern im Mittel auf das Doppelte des Durchschnitts.

Der Mensch hat sich also mit dem Entstehen dessen, was wir heute als Kultur bezeichnen, nicht von den Gesetzen der Natur verabschiedet. Zahlreiche Studien vormoderner bäuerlicher Gesellschaften belegen dies: Besitz korreliert regelmäßig mit Reproduktionserfolg. Untersuchungen an Viehzüchtern, die im Iran[14], in Kenia[15] und in Kaschmir[16] durchgeführt wurden, erbrachten übereinstimmende Ergebnisse. Die wissenschaftliche Analyse der Gründersiedlungen der Mormonen im US-Staat Utah kam zu ähnlichen Ergebnissen[17], und auch für die etwas weltabgewandt lebenden Amish[18] lässt sich dieser Zusammenhang eindeutig nachweisen. Überall dasselbe Phänomen: Wer viel hat, hat auch mehr Nachwuchs.

Bei diesen Ergebnissen sollte man sich im Klaren sein, dass hier immer statistische Durchschnittswerte verglichen werden. Es geht nicht um den Einzelfall, und Einzelfälle sind nicht geeignet, die Aussagen zu widerlegen. Ein reicher Mann, der keine Kinder hat, ist kein Beweis dafür, dass die Aussage „Wohlhabende Menschen haben mehr Nachwuchs" nicht stimmt. Dieser Mann geht in die Statistik ein und verringert die reproduktive Differenz zwischen denen, die viel, und denen, die wenig besitzen, aber er hebt die Differenz nicht auf.

Unterschiede im persönlichen Reproduktionserfolg hängen freilich nicht notwendig mit genetischer Selektion zusammen. Wenn — wie in den genannten Beispielen — regelmäßig ein Zusammenhang zwischen Besitz und reproduktivem Erfolg gefunden wird, bedeutet dies nicht unbedingt, dass die kulturell erfolgreichen „Eliten" mit ihrer genetischen Überreproduktion zur Vermehrung „tauglicherer Gene" beitragen, also den Treibstoff eines darwinischen Selektionsprozesses liefern. Die Lehre ist eine andere: Menschen haben die universell verbreitete, weil genetisch fixierte Tendenz, vorteilhafte Lebensumstände in Reproduktion umzusetzen. Durch den Zufall der Geburt oder anderer Umstände ist ihnen das allerdings in unterschiedlichem Umfang möglich.

Dass im menschlichen Miteinander Gesetzmäßigkeiten auftauchen, die viel älter sind als die frühesten Anfänge unserer Art, wirkt auf manche beunruhigend. Es sieht so aus, als wäre der freie Wille, dessen wir uns so gerne brüsten, möglicherweise so frei nicht. Vielmehr scheint sich der genetische Imperativ, der bei allem, was kreucht und fleucht, auf Nachwuchs drängt, auch bei uns vermeintlich vernunftgesteuerten Wesen wiederzufinden. Demnach wäre das, was wir als unsere jeweils individuelle Lebensweise betrachten, – mit einem Ausdruck aus der Psychologie bezeichnet – konfabuliert. Konfabuliert bedeutet, dass wir die Geschehnisse unseres Lebens als selbstgestaltet betrachten, obwohl wir nur tieferen Kräften gehorchen, die auch das Dasein der modernen Menschen noch beherrschen. Wir bilden uns lediglich ein, dass wir Lebenswege mit Souveränität und Rationalität beschreiten.

Trotz dieser etwas mystisch klingenden Formulierungen muss niemandem bang werden. Die Ökonomie der Natur, auch wenn sie sich auf uns Menschen erstreckt, fällt in die Sphäre der Wissenschaft und nicht der bedeutungsschweren Spekulationen. Die Aussage, dass Ressourcenverfügbarkeit sich im Fortpflanzungserfolg niederschlägt, sollte als Hypothese genommen werden, die jeder, der sich dazu berufen fühlt, widerlegen kann. Es handelt sich nicht um eine Ideologie, vor deren unangreifbaren Fängen man Angst haben muss. Wir haben es vielmehr mit einer fragenden Aussage zu tun: Könnte es sein, dass effektive Ressourcennutzung und reproduktiver Erfolg, so wie sie sich überall in der Natur finden, auch bei uns Menschen in engem Zusammenhang stehen?

Eine Vielzahl von Fakten stützt diese Ansicht. In nichtdemokratischen Gesellschaften nutzten und nutzen Männer sehr oft Macht, Reichtum und Einfluss, um die für sie wichtigste Ressource zur Fortpflanzung, Frauen in ihren fruchtbaren Jahren, zu monopolisieren.[19] Verschiedene Formen der despotischen Vielweiberei – Harems, in denen stellenweise mehr als 100 Frauen einem Mann zu Willen sein mussten, aber auch das ehemals in Europa geltende Recht der ersten Nacht[20] – legen beredtes Zeugnis ab.

Auf den ersten Blick scheint unsere Kultur inzwischen eine Wende genommen zu haben, die tatsächlich eine Abkehr von den scheinbar ehernen Gesetzen der Natur und Evolution mit sich bringt. Entscheidend war dabei nicht das Erreichen einer höheren Ebene geistiger Abstraktion oder ein plötzlicher Rationalitätsschub, sondern die Synthese einer chemischen Substanz. Es war schlicht die Einführung eines empfängnisverhütenden Präparats wie der Pille, die uns Menschen womöglich von der biologischen Vergangenheit lossagte. Bis zu jenen Tagen in den Sechzigerjahren, in denen die ersten Hormonpräparate in die Apotheken kamen, standen Sex und Befruchtung in einem engen Zusammenhang. Mit einem Menschen des anderen Geschlechts sexuell zu verkehren, brachte immer das mehr oder weniger willkommene Risiko einer Schwangerschaft mit sich. Die Ausbreitung der Pille durchbrach diese Verkettung von geschlechtlicher Aktivität und Fortpflanzung. Viel Sex muss heute nicht mehr viele Kinder zur Folge haben. Die Reproduktion wurde in gewisser Weise von der Kopulation abgekoppelt. Zieht man die Möglichkeiten der Reagenzglasbefruchtung in Betracht, dann kann man von einer fast vollständigen Entkopplung von Sex und Reproduktion sprechen.

Dank dieser pharmazeutischen Revolution kamen nicht mehr so viele ungewollte und ungeplante Kinder auf die Welt, wenngleich sich die Menschen nicht unbedingt anders verhielten als in früheren Zeiten. Für die Wissenschaftler, die sich mit Bevölkerungsentwicklung und menschlichen Reproduktionsstrategien beschäftigen, ging auf diese Weise ein wertvoller Indikator verloren. Nachkommen waren bis dahin quasi eine Maßeinheit für Lebenserfolg. Wer es zu etwas brachte, Geld, Besitz und Einfluss anhäufte, der gewann auf diese Weise auch Fortpflanzungschancen. Wahrgenommene Chancen führten mit einer gewissen und konstanten Wahrscheinlichkeit zur Entstehung eines neuen Erdenbürgers.

Die Chancen eines Menschen auf Geschlechtsverkehr dürften im Schnitt heute nicht schlechter stehen als früher. Durch die Empfängnisverhütung geben die Geburten jedoch keine verlässliche Auskunft mehr über die statistische Verteilung und Häufigkeit sexueller Interaktionen. Der indirekte Blick auf das „Wer mit wem und wie oft", den die Babys früher ungewollt ermöglichten, wurde durch die Pille verstellt.

Viel diskutiert ist deshalb die Frage, inwieweit der in traditionellen und historischen Bevölkerungen regelmäßig bestehende Zusammenhang von kulturellem und biologischem Erfolg sich in die modernen Industriegesellschaften verlängert. Die Frage allein durch den Vergleich von ehelichen Fruchtbarkeitsraten beantworten zu wollen, wäre aus zwei Gründen zu kurz gegriffen: Erstens hängt schon die Wahrscheinlichkeit zu heiraten zumindest für Männer hochgradig von ihrem Sozialstatus ab. Und zweitens müssen sich in den Industriegesellschaften Unterschiede im langfristigen Reproduktionserfolg nicht notwendigerweise in Fruchtbarkeit und Kinderzahl ausdrücken. Das elterliche Vermögen, Kinder sozial vorteilhaft zu platzieren, sodass sie später selbst gute Reproduktionschancen haben, ist gerade auch unter den modernen Lebensbedingungen von ganz wesentlicher Bedeutung für den langfristigen dynastischen Erfolg. Die bloße Kinderzahl verliert ihren Wert als Maß für den Reproduktionserfolg, wenn zunehmend die Ausstattung von Hoffnungsträgern zur entscheidenden Größe wird.

Andererseits wäre es auch denkbar, dass durch rasante und sich zunehmend verselbständigende Kulturentwicklungen die genetisch angepassten Verhaltensmechanismen aus dem Ruder laufen, da sie in den neuartigen Milieus der Gegenwart nicht mehr ihre ursprüngliche Funktion erfüllen. Eine biologische Angepasstheit ist ja historischen Ursprungs und in moderner Zeit nicht zwingend zweckdienlich. Diese Überlegung ist nicht ohne Belang für unser Thema: Der oben erwähnte Zusammenhang zwischen Besitz und dem reproduktiven Erfolg von Männern gründet auf ihrem Paarungserfolg, und der wiederum hängt ganz wesentlich von weiblichen Partnerwahl-Vorlieben ab. Die althergebrachten Partnerpräferenzen haben sich unter den Bedingungen der modernen Industriegesellschaft keineswegs geändert[21], ziehen aber, anders als in den historischen Milieus — nicht mehr unbedingt Fortpflanzungsunterschiede nach sich. Verhütung scheint heutzutage weitgehend zu verhindern, dass sozial erfolgreiche Männer tatsächlich mehr Kinder zeugen, obwohl sie — wie ihre geschichtlichen Vorgänger — im Durchschnitt häufiger sexuellen Kontakt zu mehr Partnerinnen haben.[22] Die evolvierten Mechanismen der Verhaltenssteuerung sind also nach wie vor verhaltensbestimmend, lediglich ihre Fitnessvorteile, wegen derer sie entstanden sind, haben sich möglicherweise verflüchtigt.

Die mehrere Milliarden Jahre umspannende Geschichte des Lebendigen ist in ihren immer gleichen Grundlagen schnell erzählt: Immer wurden mehr Nachkommen gezeugt als überleben konnten. Immer gab es unter diesen einige, welche die vorhandenen

Ressourcen besser nutzen konnten. Immer waren es diese, die überlebten, weil sie besser an ihre Umwelt angepasst waren. Und immer waren sie es, die ihre Gene, ihre überlegenen Programmanweisungen weitergaben. Seit die Erde nicht mehr wüst und leer ist, wiederholt sich diese Abfolge. Die ersten, noch kernlosen Einzeller in den Ur-Ozeanen waren winzige physiologische Inseln, die sich der Entropie entgegenstemmten. Aber diese Mikroben, von denen einige unsere fernsten Urgroßeltern waren, standen nicht nur im Kampf mit ihrer Umwelt, sondern auch in Konkurrenz miteinander: Es ging darum, sich die besten Ressourcen zu sichern, um möglichst viel eigenes Erbgut in die nächste Generation zu tragen.

So gesehen hat sich seit dieser Zeit, in der unser Sonnensystem noch jung war, nichts geändert. Alle Organismen sind von Natur aus so eingerichtet, dass sie Ressourcen bestmöglich in Reproduktion umsetzen. Die unausgesetzte Konkurrenz hat lediglich dafür gesorgt, dass die Lebensformen komplexer und vielfältiger geworden sind. Alles, was diese Legionen des Lebendigen tun, ist *business as usual*: Konkurrenz um Ressourcen, damit es den Kindern einmal besser geht.

3

Vom Nutzen des Nutzlosen

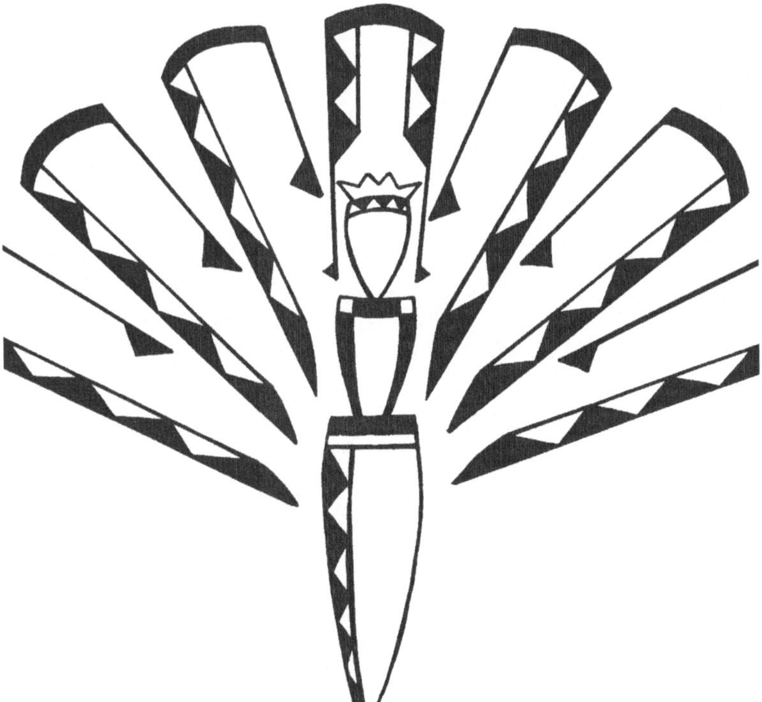

Was aber ist mit dem Pfau? Wenn die Natur so angelegt ist, dass alle Organismen auf Effizienz und Nützlichkeit hin optimiert werden, dann dürfte es einen Vogel wie ihn gar nicht geben. Wenn nur der Konkurrenzvorteil im Kampf um das tägliche Leben und die Fortpflanzung zählt, dann — so sollte man meinen — hätte ein Lebewesen mit einem derart eindrucksvollen Federkleid nie entstehen können.

▶ Der Pfau und die Knappheit

Eindrucksvoll ist genau das richtige Wort. Wenn die Männchen ihren Federschweif zu einem schillernden Fächer aufrichten und zittern und pulsieren lassen, sodass sich dem Betrachter ein Meer von Augen zeigt, dann deutet vermeintlich nichts auf das Wirken eines Knappheitsprinzips hin. Ganz im Gegenteil: Dieses Schauspiel lässt sich als Luxus, Anmut, Verschwendung und fast überirdisch entrückte Schönheit beschreiben. Auch wenn man sich nicht derart euphorisieren lässt, erscheint einem der praktische Nutzen dieses ästhetischen Erlebnisses für den Träger äußerst fraglich. So schön er auch ist, behindert der überlange Federschwanz eindeutig bei fast allen Tätigkeiten, denen ein Pfau in seinem Alltag nachgeht. Und nicht nur das, er macht ihn auch zu einer leichteren Beute für seine natürlichen Feinde. Gleich einem schmucken, aber unpraktischen Umhang hindert er ihn am Laufen und Fliegen. Eine Tatsache, die jedem interessierten Beutegreifer nur willkommen sein kann. Dass die somit fluchtbehinderte Fleischportion auch noch durch Zur-Schau-Stellen ihrer Bewegungsbremse aus pigmentiertem Keratin für optimale Sichtbarkeit sorgt, wäre lediglich noch durch direktes Aufsuchen von Fuchs oder Wolf an Raubtierfreundlichkeit zu überbieten. Von der allgegenwärtigen Knappheit, die ja zur Konkurrenz und damit auch zum Streben nach Effizienz führen soll, scheint der Pfau schlichtweg keine Notiz genommen zu haben.

An dieser Stelle drängt sich die Vermutung auf, dass eine Seite — Pfau oder Theorie — falsch liegt. Der Pfau kann es wohl nicht sein, was schon seine bloße Existenz belegt. Also muss es die Theorie sein, in der sich der Fehler verbirgt. Offensichtlich führen die natürlichen Umstände *nicht* dazu, dass sich Lebewesen aufgrund des permanenten Mangels an Ressourcen in reine Nutzenmaximierer verwandeln. Gemäß dieser Vorstellung müsste alles Überflüssige und Unnötige durch die Evolution wegrationalisiert werden. Die Geschichte des Lebens müsste mit einem Windkanal vergleichbar sein, in dem die einzelnen Arten gewissermaßen auf ihre Stromlinienförmigkeit hin optimiert werden. Der Pfau, bei dem von Windschlüpfrigkeit nun überhaupt nicht gesprochen werden kann, lässt sich in diesem Bild nicht unterbringen: weder als Kuriosum noch als die beliebte Ausnahme, die die Regel bestätigt.

Zur Rettung des Knappheitsprinzips muss an dieser Stelle gesagt werden, dass unsere anfängliche Darstellung des Pfauenlebens noch nicht vollständig ist. Es mag ja sein, dass männliche Pfauen aufgrund ihres schmückenden Ornats weder hervorragende Läufer noch gewandte Luftakrobaten sind. Womöglich erfüllt dieser scheinbar so nutzlose Schmuck dennoch einen ganz bestimmten Zweck: Vielleicht hilft er seinem Träger, in der sexuellen Konkurrenz so erfolgreich wie möglich abzuschneiden und damit seine Gene erfolgreich an die nächste Generation weiterzugeben?

▶ Wer nicht schön ist, den bestraft die Liebe

An diesem Punkt kommen die Pfauenhennen ins Spiel. Bis jetzt war immer nur die Rede vom männlichen Pfau und seinem prachtvollen Federkleid. Die Weibchen dagegen sind relativ unscheinbar grau-braun und verfügen über keinerlei spektakuläre Gefiedermerkmale. Wenn das Prachtgefieder ihrer Geschlechtspartner deren Fortpflanzungserfolg beeinflusst, dann dürfte den unauffälligen Weibchen die Schlüsselposition zukommen.

Und genau so verhält es sich. Die Pfauendamen bevorzugen die Männchen mit den meisten, größten und farbenprächtigsten Augen im Schwanzgefieder. Stehen zwei Hähne zur Wahl, so wird jener die Gunst der Henne gewinnen, der die größere Zahl an Augen sein Eigen nennt. Die Attraktivität lässt sich somit direkt in Zahlen fassen. So wird es auch uns Nichtpfauen möglich vorherzusagen, wie die Entscheidung einer Pfauenhenne ausfallen wird, wenn sie mehrere sich präsentierende Hähne zur Wahl hat. Es gewinnt der mit den meisten Augen.

Dass es genau diese Augen im Gefieder sind, die den Ausschlag geben, haben Experimente gezeigt: Mittels Schere wurden Pfauenhähnen unterschiedlich viele Augen entfernt. Und siehe da, auf einmal konnten vorherige Verlierer im Wettstreit um die wählerische Damenwelt als Gewinner dastehen.[1] Voraussetzung hierfür war nur, dass der ehemals an Augenzahl unterlegene Pfau sich nun keinem Konkurrenten mehr gegenübersah, der mehr zu bieten hatte als er. Die Weibchen erwiesen sich bei diesen Untersuchungen als durch und durch opportunistisch. Der Hahn ihrer Wahl war immer der mit den meisten Augen in seinem Federkleid. Ob diese Zahl natürlich oder von Menschenhand manipuliert war, spielte dabei keine Rolle.

Was ist die theoretische Konsequenz, die sich aus dieser Beobachtung ziehen lässt? Kann das Knappheitsprinzip gerettet werden? Ja, kann es, und das ist auch dringend nötig. Man denke nur an all die anderen Beispiele üppiger Prachtentfaltung, die sich im Tierreich finden: die Paradiesvögel der Südsee, den Farbreichtum der Korallenriffe, die Buntbarsche afrikanischer Seen und die schillernde Welt der Schmetterlinge. Die Erklärung all dieser Erscheinungen tut not. Warum wird hier nicht gegeizt, sondern geprotzt? Warum nicht vorsichtig gehaushaltet, sondern scheinbar verschwenderisch zur Schau gestellt?

▶ Das Handicap-Prinzip

Die Antwort auf diese Fragen fanden die israelischen Biologen Amotz und Avishag Zahavi. Sie ist ebenso einfach wie genial: Ressourcenaufwendiger Schmuck und ebensolches Verhalten ermöglichen fälschungssichere Signale an die Umwelt.[2] Fälschungssicher deshalb, weil diese Signale teuer in der Herstellung sind. Nur ein

Organismus in guter Verfassung kann sich derartige Extravaganzen leisten. Dieser Erklärungsansatz — schon 1975 von Amotz Zahavi „Handicap-Prinzip" genannt — ist inzwischen vielfach kritisch geprüft, gewendet, erweitert, experimentell getestet und illustriert worden und zu einer leistungsfähigen Theorie der modernen Biologie herangewachsen.[3]

Aus dieser Perspektive verliert der luxuriöse Pfauenschwanz den Anschein des Kuriosen oder sogar Absurden. Dass es sich bei ihm um ein Signal handelt, und zwar um ein sexuelles, macht das Partnerwahlverhalten der Pfauenhennen klar. Was genau er signalisiert, wird deutlich, wenn man ihn als Handicap betrachtet, so wie es die Zahavis vorschlagen. Das mag im ersten Moment etwas irritierend erscheinen, da man das Wort Handicap eher mit Sport als mit Biologie in Verbindung bringt. So erhalten Golfer ein Handicap, welches dafür sorgen soll, dass gute und weniger gute Spieler sich bei Wettkämpfen messen können, ohne dass von vornherein klar ist, wer gewinnt. Übersetzt man das Wort, so kommt man zu einer Bedeutung, die irgendwo zwischen Belastung, Behinderung und Beeinträchtigung liegt. Was also sagt das Handicap Pfauenschwanz, diese Behinderung und Beeinträchtigung für seinen Träger, den interessierten Hennen? Er bedeutet, etwas anthropomorph ausgedrückt: „Ich kann es mir leisten, eine derartige Pracht zu entfalten. Ich bin so stark, so gesund, so vital, dass ich mir diese ansonsten nutzlose, ja sogar mich belastende Verschwendung von Ressourcen leisten kann. Ein anderer, der nicht über meine hervorragende Konstitution verfügt, wäre von seinem Stoffwechsel her schon außerstande gewesen, diese Federpracht aufzubauen. Und selbst wenn er es geschafft hätte, wäre er gefressen worden, weil ein Schwächerer als ich mit diesem enormen Schmuck nicht in der Lage gewesen wäre, seinen Feinden zu entkommen."

Der Anthropologe James L. Boone hat diesen Mechanismus teurer Botschaften anhand vieler Beispiele analysiert und daraus eine Liste von Kriterien erarbeitet, die erfüllt sein müssen, damit man sich sicher sein kann, dass ein bestimmtes Phänomen auch wirklich ein Handicap-Signal ist. Denn nicht alles, was aufwendig und teuer ist, ist deswegen schon ein solches Signal. Nach Boone müssen folgende Voraussetzungen erfüllt sein, damit ein teures Merkmal der Übermittlung ehrlicher Botschaften über verborgene Eigenschaften dient und es somit als Handicap-Signal interpretiert werden kann:

1. Individuen wählen aus, mit wem sie wie interagieren, und machen dabei den Umfang der Interaktion von der Ausprägung des gezeigten Merkmals abhängig.
2. Dieser Auswahlprozess bringt Kosten mit sich oder führt dann zu Kosten, wenn man sich falsch entscheidet.
3. Teure Signale müssen ein Fitness-Handicap für ihren Träger darstellen.
4. Teure Signale müssen in irgendeiner Weise eine verborgene und nicht direkt zu beobachtende Eigenschaft ihres Senders enthüllen, die für den Empfänger dieser Botschaft interessant ist.
5. Die Offenlegung dieser verborgenen Eigenschaft bringt den Empfänger dazu, sich so zu verhalten, dass ein Aspekt der Fitness des Senders gestärkt wird, jedoch nicht der gehandicapte.[4]

Die Umstände, unter denen Pfauenhähne und -hennen aufeinander treffen, bieten sich an, um die Gültigkeit dieser etwas abstrakt klingenden Kriterien für ein Handicap-Signal zu testen. Boones erster Punkt verlangt, dass es sich um eine Auswahlsituation handeln muss: eine Situation, in der die Ausprägung eines Merkmals darüber bestimmt, wer mit wem in welchen Umfang in Interaktion tritt. Genau dies geschieht im Fall der Pfauen: Die Männchen bieten sich an, und die Weibchen wählen aus, wobei sie sich voll und ganz von der Größe und Schönheit der Pfauenschwänze leiten lassen. Das zweite Kriterium, das erfüllt sein muss, besteht in den Kosten der Wahl beziehungsweise den Kosten, die entstehen, wenn man sich für den Falschen entscheidet. So kann im Fall der Pfauenhennen eine Fehlentscheidung dazu führen, dass sie große Mengen physiologischer Reserven, aber auch Lebenszeit in schwächlichen, kränklichen oder sogar nicht überlebensfähigen Nachwuchs investieren.

Ein Unmenge an Ressourcen, die im Fall einer besseren Wahl zu einer stattlichen Zahl weit zukunftsfähigerer Nachkommen hätte führen können. Mehr dazu weiter unten.

Die nächste, dritte Forderung an ein Handicap-Signal ist, dass das fragliche Signal Fitnesskosten verursacht. Und in der Tat verhält es sich so. Pfauen könnten viel schneller, wendiger und flexibler sein und deutlich besser fliegen, wenn ihr Ziergefieder im unaufgestellten Zustand nicht die Hälfte der Körperlänge beanspruchen würde. Es ist ganz offensichtlich, dass dieses teure Merkmal eine äußerst ernst zu nehmende Behinderung der körperlichen Leistungsfähigkeit darstellt. Checkpunkt vier auf der Prüfliste für Handicap-Signale verlangt, dass teure Merkmale eine verborgene Qualität ihres Besitzers enthüllen, die für den Empfänger von Bedeutung ist. In dieser Beziehung kann man nicht umhin, den Pfauen eine mustergültige Umsetzung des Geforderten zu bescheinigen. Der schöne Schein lässt hier auf die Güte der in den Tiefen der Zellkerne verborgenen Gene schließen, womit eine kausale Verbindung zwischen der für alle Welt sichtbaren Ästhetik der Erscheinung und dem Reich der submikroskopischen Molekülstrukturen des Erbmaterials hergestellt wäre. Wir kommen gleich auf diesen so ungeheuer wichtigen und folgenreichen Zusammenhang zurück.

Der fünfte und letzte Punkt, der erfüllt sein muss, bevor man von einem Handicap-Signal sprechen kann, mutet auf den ersten Blick etwas eigentümlich an: Die Enthüllung der verborgenen Qualitäten soll dazu führen, dass sich der Empfänger dieses Signals so verhält, dass der Sender daraus einen Fitnessgewinn zieht. Dieser soll sich aber auf einen anderen Teilbereich der Fitness beziehen als das Handicap. Das leuchtet auf Anhieb nicht ein. Man kann dieses Kriterium jedoch in eine Faustformel umformulieren: Ein echtes Handicap fördert sich nie selbst. Und spätestens hier wird deutlich, was gemeint ist: Ein solches Signal koppelt zwei eigentlich getrennte Teilbereiche der Existenz eines Lebewesens aneinander. In einem von beiden wird der Aufwand für das Signal erbracht und im anderen werden sozusagen die Früchte dieses Werbens geerntet. Womit auch für den letzten eventuell verbliebenen Zweifler deutlich werden dürfte, dass der Schwanz des Pfaus ein makelloses Handicap-Signal ist. Der Aufwand, der getrieben wird, ist physiologischer Natur. Das Resultat hingegen ist ein soziales, nämlich dass der Hahn als Paarungspartner erwählt wird.

Mit dieser Fünf-Punkte-Liste lässt sich prüfen, ob es sich bei Körpermerkmalen und Verhaltensweisen um Handicap-Signale handelt. Denn genauso wenig, wie alles, was glänzt, Gold ist, ist alles Teure ein Handicap-Signal. Wenn Sie Omas Ming-Vase fallen lassen, dann ist das tragisch und teuer, aber beileibe keine Werbung für versteckte Qualitäten. Für den Hausgebrauch und den weiteren Verlauf dieses Buches lohnt es sich deshalb, eine abgespeckte Version der angeführten Fünf-Punkte-Checkliste im Kopf zu behalten. Handicap-Signale liegen dann vor, wenn:

1. Sozialpartner nach Signalaufwand gewählt werden,
2. dem Wählenden Kosten entstehen,
3. das Signal dem Geber Kosten verursacht und deshalb zunächst seine Fitness beeinträchtigt,
4. das Signal auf interessante verborgene Qualitäten hinweist und
5. Aufwand und Erfolg in unterschiedlichen Lebensbereichen angesiedelt sind.

▶ Zeig mir, wie viel deine Gene taugen

Der vorhin angeführte imaginäre Pfauenmonolog — ich bin so schön, so fit, so vital — enthält also eine Botschaft: „Ich bin fit, so fit, dass ich mir dieses aufwendige und hinderliche Signal leisten kann." Genau das ist es, was die Hennen wissen wollen. Sie sind auf der Suche nach möglichst gutem Erbgut für ihren Nachwuchs, und dass man dieses an der Farbigkeit und dem Volumen seines Schwanzes ablesen kann, macht die Sache einfach für die Hennen.

All die nutzlosen Extravaganzen in der Tierwelt künden letztlich von der genetischen Ausstattung ihrer Träger. Männchen zeigen, dass sie überdurchschnittlich gesund und vital sind und trotz

Handicap mit den Fährnissen des Lebens fertig werden. Auf diese Weise belegen sie ganz unmittelbar, dass sie über „gute Gene" für ein überdurchschnittlich erfolgreiches Leben verfügen. Ein gleichsam natürliches Experiment an amerikanischen Hausfinken unterstützt auf beeindruckende Weise die Annahme, dass extravagante Männchen Träger ökologisch besonders gut angepasster Genotypen sind: Zwischen 1994 und 1996 sind in den USA mehrere zehn Millionen dieser Finken in einer Geflügelschnupfen-Epidemie (hervorgerufen durch den Erreger *Mycoplasma gallisepticum*) zugrunde gegangen, und wie sich herausstellte, waren die überlebenden Männchen im Durchschnitt durch eine kräftigere Rotfärbung gekennzeichnet als die gestorbenen.[5]

Ganz allgemein gilt: Je aufwendiger, übertriebener und farbenprächtiger sich die Männchen einer Art im Erscheinungsbild oder Verhalten darstellen, desto gefährdeter ist die Art durch Protozoen, Nematoden oder andere Parasiten.[6] Aber auch im innerartlichen Vergleich zeigt sich immer wieder dieser Zusammenhang, weil nur gesunde, parasitenfreie Männchen in der Lage sind, ihre Angeber-Merkmale in voller Pracht auszuprägen.[7] Das mag ja sein, kann man einwenden, aber was daran ist erblich? Entscheidend ist doch, ob die Fitness der Männchen tatsächlich durch Vererbung weitergegeben wird. Haben denn die von den Weibchen Ausgewählten wirklich „gute Gene", die auch in den Kindern dieselben vorteilhaften Effekte zeigen?

Für Pfauenhähne lautet die Antwort eindeutig ja, wie eine Untersuchung zeigt, die die Anzahl der Schmuckaugen des Vaters zum Gedeihen seiner Nachkommen in Relation setzt. Es stellte sich heraus, dass der Nachwuchs der schmuckvollsten Tiere am schnellsten wuchs.[8] Und nicht nur das, diese Jungtiere überlebten auch am häufigsten.

Vergleichbares gilt für Stichlinge. Sie erinnern sich: Die Rotfärbung der Brust ist das Merkmal, nach dem die Weibchen ihre Partner auswählen — wie man jetzt weiß, mit gutem Grund: Je farbiger die Männchen sind, desto krankheitsresistenter sind ihre Kinder.[9] Auch hier wird also Fitness vererbt. Zwar sprechen die inzwischen zusammengetragenen Befunde an vielen Arten eher für eine meistens nur bescheidene Erblichkeit der Fitness[10] — aber dennoch: Hinter der Präferenz für Handicaps verbirgt sich eine Präferenz für „gute Gene".

Warum aber, so stellt sich die nächste Frage, sind die Pfauen auf ein derartig irrwitziges Signal verfallen? Die Hennen könnten doch schlicht darauf achten, wie gut ihre potenziellen Gatten laufen und fliegen können. Diese scheinbare Möglichkeit birgt jedoch das Risiko, dass die Pfauenhähne unter solchen Bedingungen ein Verhalten zeigen, das nicht unbedingt ihrer körperlichen Verfassung entspricht. Ein Pfau, der sich sonst nur müde durchs Gebüsch schleppt, könnte, wenn er die Augen von Weibchen auf sich weiß, majestätisch vorwärts schreiten. Er könnte seinen Betrachterinnen etwas vormachen. Ja, er könnte sie im wahrsten Sinne des Wortes belügen, ihnen den Eindruck vermitteln, er stünde in der Blüte seiner Kraft, obwohl er von Viren, Bakterien, Pilzen und Parasiten innerlich zerfressen ist. Der Schwanz des Pfaus ist dagegen als Signal für das Weibchen viel zuverlässiger, weil es schlichtweg nicht gefälscht werden kann. Der Körper eines Hahns, der mit Schmarotzern und Krankheiten zu kämpfen hat, kann nicht über lange Zeit kontinuierlich große Teile seiner physiologischen Ressourcen in den Aufbau von Prachtgefieder stecken.[11] Aus diesem Grund ist es für die Hennen am zuverlässigsten, bei der Wahl ihres Paarungspartners auf den Federschmuck zu achten.

Die Ausprägungsstärke der männlichen „Show-Merkmale" kann selbstverständlich nur dann als zuverlässiger Indikator für verborgene Qualitäten dienen, wenn keine Täuschung möglich ist. Könnten Männchen minderer genetischer Tauglichkeit diese Merkmale genauso prachtvoll entfalten, wären sie im Interesse des eigenen Paarungserfolgs zweifellos geneigt, dies tatsächlich zu tun, also genetische Qualitäten nur vorzutäuschen. In der Folge würde der Zusammenhang zwischen Merkmalsausprägung und Fitness, zwischen Signal und Qualität verschwinden, und die infrage stehenden Merkmale verlören ihren Wert als Qualitätsmaßstab. Dass dies nicht der Fall ist, liegt an den Herstellungs- und Unterhaltskosten der Merkmale.

Nach allem, was man weiß, spielt Testosteron in diesem Zusammenhang eine wichtige Rolle[12], denn dieses männliche Sexualhormon führt einen physiologischen Doppeleffekt im Schlepptau: Es erleichtert zwar die Herstellung der Prachtmerkmale, erhöht aber zugleich die Anfälligkeit für Parasiten, sodass nur gesunde Männchen, also solche mit einem gut funktionierenden Immunsystem, sich das nötige Testosteron zur extravaganten Gestaltung ihrer sexuellen Reize leisten können.

Zieht man all dies in Betracht, dann ist angesichts der Spielregeln der Evolution sowohl das Erscheinungsbild des männlichen Pfaus als auch das Wahlverhalten des Weibchens absolut rational und widerspricht in keiner Weise dem Knappheitsprinzip. Vielmehr wird hier die Grundsituation des Ressourcenmangels ausgenutzt, um fälschungssichere Signale zu erzeugen: Ehrlichkeit durch scheinbare Vergeudung unter Bedingungen der Knappheit. Und weil diese teure Ehrlichkeit in der sexuellen Konkurrenz honoriert wird und sich letztlich im reproduktiven Vorteil überdurchschnittlich vieler und gesunder Küken auszahlt, bleibt auch hier das „Verschwende nichts!" erfüllt. Die Pracht des Pfaus rechnet sich, und deshalb kann man seinen Aufwand gar nicht als Verschwendung bezeichnen.

▶ Gazellenproblem: Wie sag' ich es dem Wolf

Wenn sich einem Rudel Gazellen ein Wolf nähert, dann beginnt das Tier, das ihn zuerst entdeckt, zu rufen und mit seinen Vorderhufen auf den Boden zu stampfen, sodass es weithin hörbar ist.[13] Kommt der Räuber näher, geht dieses Lärmen nicht etwa in eine Flucht über, sondern die Gazelle beginnt, hohe Prellsprünge in die Luft zu machen, bei denen sie sich mit allen Vieren vom Boden abstößt. Erst wenn der Wolf bereits sehr nahe ist, erfolgt die Flucht.

In einem älteren Erklärungsmodell deutete man das Stampfen und auch das Springen als Signal für die eigenen Artgenossen: gewissermaßen eine Warnung vor der drohenden Gefahr für die Brüder und Schwestern, die noch ahnungslos in der Nähe grasen oder ruhen. Allerdings drängte sich die Frage auf, warum die Pflanzenfresser nicht auf eine weniger auffällige und aufwendige Warnstrategie verfallen waren. Falls ein Räuber die Beutetiere noch nicht erspäht hatte, dann war dieses merkwürdige Warnverhalten das sicherste Mittel, ihn auf sie aufmerksam zu machen. Darüber hinaus ist es schon erstaunlich, dass ein Tier, dem möglicherweise eine lange und kraftzehrende Flucht bevorsteht, sich bei akrobatischen Luftsprüngen verausgabt.

Zieht man das Handicap-Prinzip zu Rate, so stellt sich heraus, dass es sich in diesem Beispiel mit der Kommunikation ganz anders verhält als zuerst vermutet. Natürlich ist das Stampfen mit den Hufen und das Springen ein Signal, aber es ist nicht an die Artgenossen gerichtet. Adressat dieser Botschaft ist der Wolf, und dementsprechend ist ihr Inhalt auch keine Warnung, sondern vielmehr eine *Ent*warnung: „Ich habe dich gesehen." Deshalb dieses laute und auffällige Verhalten. Aber die Botschaft der Gazelle an den Jäger beinhaltet noch mehr. Das geräuschvolle Trampeln verkündet auch: „Ich habe keine Angst." Ein Tier, das von Angst oder Panik beherrscht wird, flieht. Ein Tier, das im Angesicht eines Todfeindes abwartet und sogar noch dafür sorgt, dass es nicht übersehen werden kann, verfolgt eine andere Strategie. Unübersehbar deutlich wird diese durch die kraftvollen und vor allem kraftzehrenden Sprünge der Gazelle, die unmissverständlich zum Ausdruck bringen sollen: „Schau her, wie fit ich bin, du hast keine Chance, lass' es." Diese Interpretation des beobachteten Verhaltens mag sehr gewagt wirken; Langzeituntersuchungen brachten aber zutage, dass genau dies die einzig mögliche Lesart ist, die alle Beobachtungen erklärt. Es stellte sich nämlich heraus, dass Wölfe, die aus der geschilderten Situation heraus ein Gruppe Gazellen attackieren, ihre Angriffe auf die Tiere richten, die zuvor nicht gesprungen sind.[14]

Wenn das Springen aber ein Fitness-Signal an den Räuber ist, dann stellt sich die Frage, warum einige Gazellen nicht springen. Wenn diese zwischenartliche Kommunikation so einfach funktioniert, dann sollte sich doch jedes Tier einiger Hopser befleißigen, um von seinen scharfzähnigen Todfeinden in Ruhe gelassen zu werden. Das Springen ist jedoch genau deshalb ein gutes, also ehrliches Signal, weil es verlässlich Auskunft gibt über den körperlichen Zustand jedes einzelnen Individuums. Kraft, die für eine Flucht gebraucht werden könnte, wird hier weithin sichtbar vergeudet. Somit gibt es zwei Gründe, warum nicht alle Gazellen springen.

Erstens würde eine Gazelle in schlechter körperlicher Verfassung mit ihren Sprüngen, die deutlich niedriger sind als die der anderen, dem Räuber quasi von weit her schon zurufen, dass sie nicht so ausdauernd und schnell fliehen kann. Zweitens müssen schwache oder geschwächte Tiere ihre gesamte Kraft für die möglicherweise bevorstehende Flucht aufsparen. Sie können es sich einfach nicht leisten, Energie zu vergeuden, weil genau diese dem anstehenden Rennen um Leben und Tod fehlen könnte. Stampfen und Springen sind somit genau das, was das Handicap-Prinzip für ein zuverlässiges Signal fordert: Sie sind teuer. Sie kosten Ressourcen, deren Einsatz sich nur derjenige leisten kann, der über ausreichende Reserven verfügt. Aus diesem Grund wird das Handicap-Prinzip im englischsprachigen Raum auch als Prinzip des *costly signaling* bezeichnet.

Dem Wort teuer kommt in diesem Zusammenhang eine etwas andere Bedeutung zu als innerhalb der menschlichen Gesellschaft. Wird es zwischen uns Menschen zumeist in Bezug auf Geld gebraucht, so geht es in der Tierwelt um den Einsatz anderer Ressourcen oder Risiken. Dies können langfristige Produktionskosten des Stoffwechsels sein wie beim Gefieder der Pfauen oder Aufwendungen an Muskelkraft wie bei den Gazellen. Der Clou der Sache ist, dass der Vorteil, den ein Individuum aus einer gelungenen Kommunikation zieht, über einen Nachteil erkauft werden muss. Und nur dieser Nachteil, dieses Handicap, das das Signal gebende Individuum unübersehbar zur Schau stellt, gewährleistet, dass es sich um ein ehrliches Signal handelt. Hier wird erneut deutlich, welche Vorteile eine gelungene Kommunikation für beide Beteiligten mit sich bringt. Entscheidend ist, dass die Signale, um die es geht, ehrlich sind, und ehrlich sind sie mit großer Sicherheit dann, wenn der Sender Kosten, Mühen oder Gefahren eingehen muss und damit einen Preis zahlt, den nicht jeder zu jeder Zeit zahlen kann. Derartige Signale, die mittels eines Handicaps eine aufrichtige Botschaft übermitteln, können zu den verschiedensten Zwecken eingesetzt werden. Bei den Pfauen war es die Paarungsanbahnung und bei den Gazellen der Umgang mit Fressfeinden.

▶ Kammhuhnwelt: kämpfen und protzen

Die Gattung der Kammhühner ist nach den Hautlappen, die den Tieren entlang des Scheitels wachsen, benannt. Es handelt sich dabei um ein Gewebe, von dem kein direkter praktischer Nutzen ausgeht. Aufgrund seiner sehr guten Versorgung mit Blutgefäßen gibt es einem Betrachter getreu Auskunft darüber, wie gut es durchblutet ist, und erlaubt somit Schlüsse auf den Gesundheitszustand des betreffenden Tieres. Gleich dem Gefieder der Pfauen bietet sich hier den Artgenossen eine Möglichkeit, die Fitness anderer Tiere einzuschätzen und zu erkennen, inwieweit diese von Krankheiten oder Parasiten geschwächt sind.

Die Kämme, die bei den männlichen Tieren deutlich größer sind als bei den Weibchen, dienen aber noch einem ganz anderen Zweck: Sie geben Auskunft über die Stellung eines Hahnes in der Rangordnung der Gruppe. So haben ranghöhere Männchen gewöhnlich größere Kämme als ihre Geschlechtsgenossen am unteren Ende der Hackordnung. Bei stattfindenden Kämpfen versuchen die Kontrahenten, die empfindlichen Hautauswüchse ihres Gegenübers zu verletzen. Die Auseinandersetzung endet normalerweise dann, wenn eines der beiden Tiere am Kamm blutet.

Beim Kämpfen stellen die gut durchbluteten Hautlappen somit ein eindeutiges Handicap dar.[15] Ihre eigentliche Signalfunktion erfüllen sie aber gerade dann, wenn es nicht zu tätlichen Auseinandersetzungen kommt. Sehr oft ordnet sich nämlich beim Aufeinandertreffen von zwei Hähnen der mit dem kleineren Kamm dem Tier mit dem größeren Kamm einfach unter. Auf diese Weise sparen beide Kraft und gehen nicht das Risiko einer Verletzung ein.

Warum aber gibt sich das Männchen mit dem kleineren Kamm so einfach geschlagen, ohne überhaupt probiert zu haben, über welche körperlichen Fähigkeiten der andere verfügt? Der Grund hierfür ist, dass der Kamm in der Tat ein höchst verlässliches Signal für die Kampfkraft eines Tieres ist. Niederlagen, die ein Tier in früheren Auseinandersetzungen hat hinnehmen müssen, hinterlassen in Form von Kerben und Narben unauslöschliche Spuren. Derartige Male tragen jedoch nur die Verlierer, da die Kämpfe — wie schon gesagt — enden, sobald einer der Kontrahenten verletzt ist und blutet. Ein Hahn, dessen im Laufe seines Lebens wachsender Kamm von derartigen Spuren der Vergangenheit frei ist, belegt für jeden sichtbar, dass er kein Verlierer ist. Die Verletzungsgefahr steigt dabei mit zunehmendem Alter, da die Trefferfläche, die er seinen Gegnern präsentiert, sich langsam, aber stetig vergrößert hat.

Viele Auseinandersetzungen werden somit einfach durch einen Kammvergleich verhindert. Die Tiere drohen einander, lassen sich jedoch nicht auf ein Kräftemessen ein, weil sie anhand eindeutiger Signale vorab den zu erwartenden Ausgang bestimmen können. Nur in den Fällen, in denen keiner freiwillig nachgibt, kommt es zum Kampf. Dies macht deutlich, dass zwei Hähne, die sich gegenüberstehen, trotz ihres Konkurrenzverhältnisses ein gemeinsames Interesse haben: nämlich eine Ressourcenverschwendung zu vermeiden. Ein Kampf, bei dem beide Seiten im Vorhinein sagen können, wer ihn gewinnt, ist sowohl unsinnig als auch unnötig. Nur Auseinandersetzungen, bei denen die Kämme der Beteiligten keine klare Prognose erlauben, können Gewinn bringen und somit die eingesetzten Ressourcen zu einer sinnvollen Investition machen. Am Ende eines solchen Aufeinandertreffens wird einer der beiden Beteiligten als Gewinner dastehen — ein Gewinner, der im Voraus nicht abzusehen war. Je makelloser also der Kamm eines Hahnes ist, desto häufiger dürfte er unbeschadet aus Kämpfen hervorgegangen sein und so seine Dominanz wieder und wieder unter Beweis gestellt haben.

Ein etwas makabrer Beleg für diesen Zusammenhang findet sich in der Art und Weise, wie früher Tiere für Hahnenkämpfe hergerichtet wurden. Es war üblich, ihnen die Kämme komplett wegzuschneiden. Schließlich sollte gekämpft und nicht nur gedroht werden. Die Kampfkraft wird durch die Entfernung der Hautlappen auf dem Kopf nicht im Geringsten beeinträchtigt. Was allerdings vollkommen verloren geht, ist die Möglichkeit, dem anderen die eigene Überlegenheit durch Drohverhalten bewusst zu machen. Einem Hahn ohne Kamm bleibt somit nur der Kampf, um seine Überlegenheit unter Beweis zu stellen. Ein, wie gesagt, makabrer Beleg dafür, dass die Hierarchie der Kammhühner zum großen Teil auf einem Signal fußt, das für seinen Sender ein eindeutiges Handicap darstellt.

▶ Versuche über den Luxus: sexuelle Selektion und *runaway*-Modell

Gedanken über Hahnenkämme, Pfauenfedern und ähnlich bizarre körperliche Merkmale sind nicht neu. Darwin, der Vater der modernen Evolutionstheorie, war der Erste, der sich eingehend damit befasste, und zwar weil solche Anhänge, Auswüchse und Farbgebungen in eindeutigem Konflikt mit dem Kerngedanken seiner Evolutionstheorie standen. Er sah zwei Mechanismen am Werk, die für die Vielfältigkeit der zu beobachtenden Lebenswelt verantwortlich waren: Variation und Selektion.

Variationen, von denen man heute weiß, dass sie primär über Mutationen zustande kommen, sollten dafür verantwortlich sein, dass sich die Nachkommen stets in geringer und zufälliger Weise von ihren Eltern unterscheiden. Die Selektion sollte dann dafür sorgen, dass jeweils nur die bestangepassten Organismen einer Generation sich überdurchschnittlich fortpflanzen. Dieses Zusammenspiel fördert Effizienz. Effizienz bedeutet in diesem Zusammenhang, die Ressourcen besser in Reproduktion umsetzen zu können als die Konkurrenz. Das Paradebeispiel, an dem Darwin das Wirken von Mutation und Selektion vorführte, waren die nach ihm benannten Finken der Galapagosinseln im Südpazifik. Darwin hatte als junger Wissenschaftler an einer Weltumseglung teilgenommen und sich seitdem mit der Frage auseinander gesetzt, wie es zu der unglaublichen Vielfalt an Faunen und Floren rund um den Globus hatte kommen können.

Bei einem mehrwöchigen Aufenthalt im Galapagosarchipel hatte er eine erstaunliche und für sein weiteres Denken schlüsselhafte Entdeckung gemacht. Die Vogelwelt dieser Inseln unterschied sich deutlich von der des über 1000 Kilometer entfernt liegenden südamerikanischen Festlandes. Während sich dort verschiedenste Vogelgattungen die Nischen des Ökosystems untereinander teilten, gab es auf Galapagos nur Finken. Das Erstaunliche war aber nicht, dass es gerade die Finken geschafft hatten, diesen entlegenen Lebensraum zu erreichen. Was Darwin die Augen öffnete, war vielmehr, dass die Finken hier eine Artenvielfalt entwickelt hatten, durch die jede Ökonische besetzt wurde. Insgesamt hatten sich aus den Tieren, die einst diese Inseln als Erste besiedelten, dreizehn Finkenarten entwickelt.[16] Als treibende Kraft für diese Entwicklung machte Darwin die Anpassung an unterschiedliche Nahrungsressourcen aus, was er anhand der verschiedenen Schnabelformen der Arten eindeutig belegen konnte. Anpassung heißt hier vorrangig Effizienzgewinn beim Umgang mit den vorhandenen Nahrungsressourcen.

Damit hatte Darwin den Mechanismus gefunden, der für den Artenreichtum der Welt verantwortlich ist. Als gründlichem und selbstkritischem Wissenschaftler entging ihm aber nicht, dass es Dinge gab, die sich seinem Erklärungsmodell scheinbar nicht fügten. Dies waren Schmuckzeichnungen und andere Körpermerkmale, die keinen erkennbaren praktischen Zweck erfüllten. Um diese Phänomene zu erklären, postulierte Darwin neben der natürlichen eine zweite Form der Selektion: die sexuelle Selektion. Die erste sorgt dafür, dass Lebewesen sich ihrer Umwelt so gut wie möglich anpassen, um von und mit dieser leben zu können. Die zweite, die sexuelle Selektion, findet dann statt, wenn im Rahmen der Paarung Merkmale der Lebewesen wichtig werden, die ansonsten keinen Zweck erfüllen. Das heißt, wer sich fortpflanzt, hängt nicht mehr nur von der Effizienz seiner nützlichen Eigenschaften ab, sondern auch von der Ausprägung eigentlich unnützer Merkmale.

Eine wichtige Rolle bei diesem Vorgang spielen die Weibchen. In den allermeisten Fällen sind sie es, die ihre Paarungspartner sorgfältig auswählen, und zwar nach den Schmuckmerkmalen der balzenden Männchen. Demnach bestehen diese Merkmale schlichtweg deshalb fort, weil die Weibchen sie schön finden oder — etwas zurückhaltender gesagt — weil sie sich bei ihrer Partnerwahl von ihnen leiten lassen.

Der Biologe Ronald Fisher (1890–1962) baute im letzten Jahrhundert diesen Gedanken noch weiter aus. In seinen Augen handelte es sich um einen *runaway*-Prozess, womit er einen Vorgang meinte, der — einmal angestoßen — zum Selbstläufer wird. Hätten die Weibchen erst einmal, aus nicht näher bestimmbaren Gründen, ein eigentlich unnützes körperliches Merkmal zum Entscheidungskriterium bei ihrer Partnerwahl erhoben, dann würde dessen Erhalt und weitere Ausprägung in einer Art Teufelskreis immer weiter gefördert.

Nehmen wir erneut den Schwanz des Pfaus als Beispiel. Gemäß der Grundidee von Fishers *runaway*-Prozess haben zu irgendeinem entwicklungsgeschichtlichen Zeitpunkt die Weibchen dieser Spezies begonnen, Männchen zu bevorzugen, die große und prächtige Schwanzfedern präsentieren konnten. Damit war die weitere Entwicklung in gewisser Weise schon festgelegt. Da Männchen mit imposantem Pfauenrad als Paarungspartner gewählt wurden, wurde genau dieses Merkmal an die nächste Generation weitergegeben. Wenn auch die ästhetische Vorliebe der Weibchen an die nächste Generation vererbt wurde, fand sich in dieser die gleiche Situation erneut. Der einzige Unterschied mag gewesen sein, dass das Prachtgefieder der Männchen noch etwas ausgeprägter war als bei ihren Vätern. So schloss sich der Kreis: Weibchen, die große Pfauenräder bevorzugten, wählten ihnen genehme Geschlechtspartner aus und zeugten Junge, die weiblicherseits Präferenzen für große Pfauenräder hatten und männlicherseits lange Schwanzfedern ausbildeten.

Diese Rekonstruktion der Entwicklung des Pfauenrades, aber auch vieler anderer Schmuck- und Imponiermerkmale scheint plausibel. Mathematiker haben die Tragfähigkeit dieser Erklärung in Computermodellen nachgewiesen. So könnte es gewesen sein! Es drängt sich die Frage auf, warum diese Vorgänge mit dem Handicap-Prinzip erklärt werden sollten, wenn man doch schon eine andere funktionierende Theorie hat. Der Grund hierfür ist einfach. Zwar ist es denkbar, dass sich die außergewöhnlichsten Erscheinungen in der Tierwelt in *runaway*-Prozessen entwickelt haben, es *muss* aber keineswegs so gewesen sein. Daraus, dass dieser Entwurf rein theoretisch und in Modellen funktioniert, kann man nicht ableiten, dass es sich in der Tat auch so verhalten hat. Wir sehen uns hierbei der schwierigen Aufgabe gegenüber, im Nachhinein das Warum historischer Vorgänge zu begreifen, bei denen wir nicht zugegen waren.

Runaway-Prozess und Handicap-Prinzip sind also Konkurrenten, denn beide nehmen für sich in Anspruch erklären zu können, warum es bestimmte Signale wie die Rotfärbung der Stichlinge oder den Gesang der Amseln gibt. Welchem von beiden soll man den Vorzug geben?

An dieser Stelle kann man sich der geistigen Hilfe eines Herrn gewiss sein, der lange vor Darwin gelebt hat. Der Mönch Wilhelm von Ockham formulierte im 14. Jahrhundert den Grundsatz, dass man nie eine komplizierte Erklärung wählen sollte, wenn auch eine einfache ausreicht. Dieses Gebot ökonomischen Denkens, alles Überflüssige einer Erläuterung wegzuschneiden, hat unter dem Namen Ockhams Rasiermesser (*Occam's razor*) die Jahrhunderte unbeschadet überstanden.

Angewandt auf die vorliegende Situation ergibt sich folgende Frage, die es mithilfe der Ockhamschen Klinge zu klären gilt: Welche der beiden Erklärungen für Ressourcen verschwendende Signale im Tierreich — *runaway*-Prozess oder Handicap-Prinzip — soll man der anderen vorziehen, und vor allen Dingen warum? Um dies zu entscheiden, empfiehlt es sich, noch einmal einen Blick auf das Knappheitsprinzip der Ökonomen zu werfen. Dieses besagt, dass nützliche und somit wertvolle Dinge rar und begehrt sind. Für die menschliche Kultur ist dieses Prinzip seit mehreren Jahrhunderten immer wieder bestätigt worden. Aber auch für alle anderen Lebewesen hat sich gezeigt, dass diesem Ansatz ein hoher Erklärungswert zukommt.

Betrachtet man *runaway*-Prozesse und Handicap-Prinzip im Vergleich, dann fällt auf, dass sich diese beiden Theorien deutlich unterscheiden, was ihre Vereinbarkeit mit dem Knappheitsprinzip betrifft. Beim Handicap-Prinzip handelt es sich, genau genommen, um ein Anwendungsbeispiel des Knappheitsprinzips. Wer auch immer ein ehrliches Signal an seine Umwelt übermitteln will, ist daran interessiert, dass dieses nicht oder nur sehr schwer gefälscht werden kann. Dies ist umso mehr sichergestellt, je schwieriger und aufwendiger und also teurer es für Konkurrenten und mögliche Betrüger ist, das fragliche Signal nachzumachen. Aufrichtigkeit wird dadurch gewährleistet, dass potenzielle Fälscher den Versuch einer Imitation eines ehrlichen Signals so teuer bezahlen müssten, dass sie aus diesem letztendlich keinen Gewinn mehr ziehen können. Unausgesprochen fußt dieses Kalkül der ehrlichen Kommunikation direkt auf dem Grundsatz der universellen Knappheit, denn nur, wenn Ressourcen knapp sind, kann deren Einsatz teuer werden. In einer Welt ohne Knappheit hätte das Handicap-Prinzip keinen Sinn, da jeder jederzeit auf jegliche Ressource zugreifen könnte. Konkret ist eine derartige Welt, in der Rohstoffe, Körperkräfte und Zeit unbegrenzt zur Verfügung stehen, nicht vorstellbar. In unserer realen Welt des Mangels können sich Lügner den Aufwand, den ehrliche Signalgeber treiben, nicht leisten.

Wie aber steht der *runaway*-Prozess des Herrn Fisher zum allgegenwärtigen Walten der Knappheit? In ihm baut sich gewissermaßen eine Rückkopplungsschleife auf. Der Geber eines eigentlich unsinnigen Signals trifft auf Paarungspartner, die — aus welchen Gründen auch immer, und sei es auch nur zufällig — dieses bevorzugen. Das führt automatisch dazu, dass in der weiteren Generationenfolge sich sowohl die Ausprägung als auch die Vorliebe für dieses Merkmal zumindest halten, wenn nicht sogar verstärken. Dass Ressourcen Mangelware sind, spielt in diesem Szenario keine Rolle. Es wird vielmehr ein Bereich der organismischen Interaktion beschrieben, in dem die angestellten Überlegungen zur Knappheit scheinbar ad absurdum geführt werden. In gewisser Weise mutet es an wie eine evolutionäre Exzentrik, dass für solche Signale, obwohl es sonst im ganzen Leben um Sein oder Nichtsein geht, auf einmal irrsinniger Aufwand getrieben wird.

Nimmt man nun Ockhams Rasiermesser zur Hand, so liegt es nahe, dem Handicap-Prinzip den Vorzug vor dem *runaway*-Prozess zu geben. Eine Theorie der teuren Signale kommt mit dem aus, was sich bis zum heutigen Tag bestens bewährt hat, und ist nicht auf Zusatzannahmen angewiesen. Pfauenräder und andere Erscheinungen auf den exaltierten (und letztlich unbegreiflichen) Geschmack der dazugehörigen Weibchen zurückzuführen, ist eine derartige Zusatzannahme.

Man muss die beiden dargestellten Theorien jedoch nicht als unerbittliche Gegner sehen. In gewisser Weise kann der Entwurf der Zahavis als Reaktion auf die Fragen gesehen werden, die Fishers Modell offen lässt. Fishers Verdienst war es, mit seinem *run-away*-Modell aufzuzeigen, dass sich eine evolutionäre Rückkopplung zwischen Männchen und Weibchen aufbaut. Die Geschlechter kommen demnach zusammen, indem die eine Seite ein Merkmal oder Signal ausbildet, auf das die andere Seite Wert legt. Signal und Betrachterurteil bestärken sich hier gegenseitig. Im Grunde genommen fußt das Handicap-Prinzip der Zahavis auf dem gleichen Mechanismus: Weibchen wählen Männchen aufgrund bestimmter Merkmale für die Paarung aus. Ihr Modell hat jedoch den Vorteil, dass es auch die Vorgänge in diesem Lebensbereich unter Verwendung des Knappheitsgrundsatzes erklärt. Das Signal dient nicht mehr nur dem willkürlichen Gefallen, sondern wird zu einem Indikator für die verdeckten Eigenschaften des Trägers. Während ein Pfau laut Fisher mit seinem Schwanz mitteilt: „Nimm mich, weil ich so ein schönes Federkleid habe und du das ja so magst", so gibt ein Pfau in den Augen der Zahavis eine etwas andere Nachricht: „Nimm mich, weil ich ein so schönes Federkleid habe und du daran sehen kannst, wie stark und gesund ich bin, und genau diese Eigenschaften sind es ja, die du für deinen Nachwuchs willst."

▶ König Ludwig im Dschungel oder die Laubenvögel

Keineswegs dienen nur körperbauliche und physiologische Eigenschaften als Signale. Auch Verhalten lässt sich in sehr vielen Fällen als teures Signal beschreiben. Ein Paradebeispiel hierfür liefern die Laubenvögel, die sich in Australien und Neuguinea finden. Die Männchen dieser Arten bauen zur Balzzeit Konstruktionen, die sich mehr oder weniger treffend als Lauben bezeichnen lassen. Eine Spezies schafft eine Unzahl an Zweigen herbei und formt aus diesen eine Plattform mit einem Meter Durchmesser auf dem Boden. Auf dieser Plattform befinden sich zwei senkrechte Reihen von Zweigen, die einen Gang bilden. In diesem wird später die Paarung stattfinden.

Es ist unübersehbar, dass diese und andere Laubenkonstruktionen Signale für weibliche Laubenvögel sind. Sie sind der Hintergrund, vor dem das Männchen balzt und sich inszeniert. Für die Weibchen handelt es sich dabei — wieder einmal — um einen Fitnessnachweis ihrer potenziellen Paarungspartner. Ein Männchen, das seine gesamte Zeit und Kraft bräuchte, um Nahrung zu suchen und sich am Leben zu erhalten, wäre außerstande, eine derartige Laube zu bauen. Eine stolz den Weibchen vorgeführte Laube ist ein weithin sichtbares Signal der eigenen Leistungsfähigkeit. Nur ein Individuum, das für die Befriedigung der leiblichen Bedürfnisse nicht den ganzen Tag braucht, kann seine Kräfte in ein solches Projekt investieren. Die Botschaft an die Weibchen lautet also: „Ich bin so fit, dass ich es mir leisten kann, eine so aufwendige Laube zu bauen. Bei mir sind alle Eigenschaften, die man zum Überleben braucht, ideal ausgeprägt. Wenn du diese für deinen Nachwuchs willst, nimm mich als Paarungspartner."

Um Missverständnissen vorzubeugen, sei ausdrücklich gesagt, dass die Vögel natürlich keine derartigen Gedanken hegen. Die Ich-Perspektive dient lediglich dazu, die Zweckdienlichkeit des geschilderten Verhaltens bestmöglich vor Augen zu führen. Was wirklich in den Köpfen von Tieren vorgeht, wie sie die Welt und sich selbst erleben, darüber kann man nur spekulieren. Einen Ich-

Begriff wie wir Menschen haben aller Wahrscheinlichkeit nach nur die großen Menschenaffen. Wenn also in diesem Buch Tieren Gedanken unterstellt werden, dann nur, um komplizierte Zusammenhänge in der Natur zu verdeutlichen.

Die exotischen Laubenvögel in den Wäldern von Neuguinea und Australien können als weiterer Beleg dafür genommen werden, dass die Männchen von Arten, die keine dauerhaften Lebensgemeinschaften bilden, oft einen fast schon grotesken Aufwand treiben müssen, um ihre Chancen auf Verpaarung zu vergrößern. Dieser Aufwand kann teilweise den Charakter eines Exerzitiums annehmen. Durch eigentlich unnütze, Kraft und Zeit zehrende Tätigkeiten wird demonstriert, wie strapazierfähig man ist. So gibt es Laubenvögel, die ihre Bauwerke mit frischen Blüten schmücken und diese immer wieder erneuern. Das Weibchen kann hieran zum einen wieder sehen, wie viel Aufwand dieser Bewerber getrieben hat, und zum anderen darauf schließen, wie geschickt er im Aufspüren seltener Dinge wie Blüten ist. Lügen seitens der Männchen sind bei diesem teuren Signal nur schlecht möglich, und selbst die verbleibenden Möglichkeiten zum Betrug ihrer Angebeteten werden gewissermaßen vom Handicap-Prinzip geschluckt. Es besteht sehr wohl die Chance, Schmuckobjekte nicht selbst zu sammeln, sondern sie dort zu entwenden, wo andere sie schon zusammengetragen haben, nämlich in den Lauben der Artgenossen. Darüber hinaus kann die eigene Laube in einem besseren Licht dastehen, wenn man die der Konkurrenz beschädigt oder zerstört. Die Weibchen wählen das beste unter den bestehenden Angeboten aus. Warum also nicht schummeln?

Dies mag als Schlupfloch erscheinen, durch das die Tiere sich aus den unerbittlichen Klauen des Handicap-Prinzips befreien könnten. Dass dem aber nicht so ist, zeigt sich bei genauerem Hinsehen. Tatsächlich versuchen Laubenvogelmännchen, sich fremden Lauben in diebischer oder destruktiver Absicht zu nähern. Und dies tun nicht nur einzelne Exemplare, sondern alle. Der Zustand einer Laube und ihr Schmuck signalisieren somit nicht nur, wie viel Arbeit und Zeit sich ein Individuum für diese Konstruktion leisten kann, sondern auch, wie gut es in der Lage ist, sie gegen andere zu schützen. Damit hat das Wirken des Handicap-Prinzips auch die Betrüger eingeholt.

▶ Die neue Sicht des Nutzlosen

Die vorangegangenen Beispiele haben deutlich gezeigt, dass die Natur keineswegs Raum bietet für sinnlosen Prunk oder zweckfreies Schmuckwerk. Was uns Menschen zuweilen als Reichtum, Fülle, Überfluss oder gar Verschwendung erscheint, dient in Wirklichkeit durchaus einem Zweck. Ressourcen sind überall knapp und umkämpft.

Das Handicap-Prinzip erlaubt es, eine Vielzahl von vorher widersinnig erscheinenden Erscheinungen zu erklären. Das genialische Moment dieses Gedankens liegt in der Erkenntnis, dass es sich bei den fraglichen Phänomenen um Signale handelt, die zuverlässig Auskunft geben über ansonsten verborgene Eigenschaften ihrer Sender. Dies erklärt auch, warum sie teilweise mit einem fast unglaublichen Aufwand realisiert werden. Beide Kommunikationspartner sind an ehrlichen Signalen interessiert: der Sender, damit er ernst genommen wird, und der Empfänger, damit er sich der Botschaft sicher sein kann. Der Feind beider ist der Betrüger, der Fälscher, der eine Qualität signalisieren will, die er überhaupt nicht besitzt.

Im Extremfall treffen Kommunikationspartner nur ein einziges Mal in ihrem Leben aufeinander. Das heißt, der Signalgeber muss absolut überzeugend sein, beziehungsweise derjenige, an den sein Signal gerichtet ist, muss sich so sicher wie nur irgend möglich sein können, dass es auch wirklich für das steht, wofür es stehen soll. Ist dies der Fall, dann können beide Seiten von der Interaktion profitieren. Eventuell bleibt auf diese Weise beiden Individuen eine kraftzehrende Verfolgungsjagd erspart. Oder sie können ihr Erbgut vereinigen und somit die nächste Generation einleiten.

Das sind die Musterbeispiele eines erfolgreichen Austauschs von Signalen. Hier gehen gleichsam beide Individuen als Gewinner vom Platz. Gewinnen heißt in diesem evolutionären Szenario, die eigenen Ressourcen so effektiv wie möglich einzusetzen. Dies kann je nach Situation bedeuten, Kraft und Zeit zu sparen, bestmöglich Nahrung zu erwerben, sein genetisches Material nicht an einen minderwertigen Partner zu verschwenden oder schlicht am Leben zu bleiben.

Wir haben es in der Evolution also mit *zwei* Prinzipien zu tun: dem Handicap- und dem Nützlichkeitsprinzip. Lassen Sie uns, weil Sie ihn bereits so gut kennen, den Pfau als Beispiel heranziehen, um vorzuführen, worin sich beide unterscheiden. Dass der prachtvolle Pfauenschwanz ein Handicap ist, haben wir ausführlich dargelegt. Der Schnabel des Pfaus ist dagegen ein Ergebnis des evolutionären Wirkens des Nützlichkeitsprinzips. Es gibt nichts Spektakuläres über dieses Horngebilde zu sagen, das der Aufnahme von Nahrung dient. Wahrscheinlich sind die wenigsten Menschen, auch wenn sie schon mehrfach Pfauen gesehen haben, in der Lage, dieses Organ detailliert zu beschreiben. Und warum? Schlicht und einfach deshalb, weil es sich um einen normalen Schnabel für normale Kost handelt, der normalerweise eben nicht auffällt.

Obwohl diese Merkmale ein und desselben Tieres nicht mal eine Körperlänge voneinander entfernt sind, trennen sie Welten — und zwar deshalb, weil der Pfauenschnabel das Ergebnis einer Nützlichkeitsevolution ist, der Schwanz dagegen die Frucht einer Selektion auf ehrliche, fälschungssichere Signale.

Es gibt vier Aspekte, die man bei diesem Vergleich in Augenschein nehmen muss: Funktionalität, Selektionsvorteil, Herstellungskosten und Kosten-Nutzen-Relation. Und jede dieser Betrachtungsweisen offenbart, wie grundverschieden Nützlichkeits- und Handicap-Prinzip sind.

Beginnen wir mit dem ersten Punkt, der Frage nach der Funktionalität. Der Schnabel ist, so wie er ist, einfach nützlich. Er dient der Selbsterhaltung. Er ist die in Mechanik und Effizienz sehr gelungene Antwort des Vogels auf seine Umweltbedingungen. Eine derartige schlichte Nützlichkeit muss man dem Pfauenrad dagegen vollständig absprechen. Weder kann das Tier dadurch besser fliegen, noch verbessert es die Wärmeregulation, noch dient es dem Schutz vor ungünstiger Witterung oder gar der Tarnung vor Fressfeinden.

Als Signal betrachtet, verwandelt sich jedoch dieses ausladende Gebilde in ein hocheffizientes Werkzeug der sozialen Interaktion. Gerade das Fehlen eines direkten praktischen Nutzens deutet verlässlich auf die verborgenen Qualitäten hin. Es gibt also grundsätzlich zwei verschiedene Klassen von biologischen Merkmalen: Die einen zeichnen sich durch ihre Funktionalität im Bemühen der Organismen um bestmögliche Selbsterhaltung aus, die anderen hingegen durch ihre kommunikative Signalfunktion, also gerade durch das Fehlen jeder Nützlichkeit in den alltäglichen Anstrengungen ums Überleben.

Dieser Gegensatz, wie er größer nicht sein könnte, lässt sich aus der biologischen Geschichte herleiten, womit wir zum zweiten Teilaspekt kommen, dem Selektionsvorteil des jeweiligen Merkmals. Es gilt zu klären, wodurch die beiden Merkmale ihrem Besitzer zur erfolgreichen Weitergabe seiner Gene verhelfen und damit auch sich selbst in die nächsten Generationen weitertragen. Im Falle des Schnabels ist es die effiziente Futteraufnahme, die seinem Träger einen Vorteil gegenüber den Trägern suboptimaler Schnabelkonstruktionen gewährt. Der Schwanz hingegen wird nur nach Maßgabe seines kommunikativen Gehalts selektiert, also nach Maßgabe seiner Offenlegung verborgener, nicht sichtbarer Nützlichkeit.

Das Thema Herstellungskosten hatten wir für die Klasse der Handicap-Signale, zu denen ja auch der üppige Keratinwuchs der Pfauen gehört, schon eingehend erörtert. Aus diesen Merkmalen lässt sich gerade *wegen* ihrer hohen Kosten ein Selektionsvorteil gewinnen. Bei etwas derart Simplem und Zweckmäßigem wie dem Schnabel des Pfaus sind die physiologischen Herstellungs- und Unterhaltskosten zwar unerfreulich, aber unvermeidlich. Nicht auszuschließen, dass durch zukünftige evolutionäre Entwicklungen diese Kosten bei bleibender Effizienz sogar noch verringert werden. Bei den Signalen spielen die Kosten hingegen die Hauptrolle.

Womit wir zum vierten Aspekt unserer kleinen Leistungsschau von Nützlichkeits- und Handicap-Merkmalen kommen: der Kosten-Nutzen-Relation. Hier tritt der Unterschied zwischen den beiden Merkmaltypen besonders deutlich zutage. Der Schnabel ist in seinem Nutzen für das Tier in keiner Weise davon abhängig, wie hoch die Kosten sind, die zu seiner Ausbildung erbracht werden müssen. Profan gesagt kann man sein Essen mit einer Aluminiumgabel ebenso gut zum Munde führen wie mit einer Silbergabel. Und deshalb wird die Evolution — der Maxime „Verschwende nichts!" folgend — Lösungen favorisieren, die ohne Effizienzverlust die Herstellungs- und Unterhaltskosten des Organs senken. Das entspricht der Ökonomie der Natur, von der im zweiten Kapitel ausführlich die Rede war.

Ganz anders der Federschmuck: Die Individuen, die es sich leisten können, am meisten in dieses Merkmal zu investieren, werden in ihren sozialen Interaktionen mit dem anderen Geschlecht deutlich mehr Erfolg haben als ihre ärmeren Konkurrenten. Hier zählen gerade die Kosten, und das Billige ist der Feind des evolutionären Erfolgs.

Lassen Sie uns dies noch einmal kurz zusammenfassen. Erstens: Nützliche Merkmale erfüllen einen gut erkennbaren Zweck, teure Signale haben dagegen keinen direkten Nutzen und verweisen stattdessen auf verborgene Qualitäten. Zweitens: Die Evolution der nützlichen Merkmale erfolgt über ökonomische Effizienz, die der Handicaps dagegen über ihre kommunikative Zuverlässigkeit. Drittens: Bei den Ersteren sind die Herstellungskosten eine lästige Nebensache, bei den Letzteren sind es gerade diese Kosten, die dem Signal seinen Wert geben. Und viertens: Nützliche Merkmale bleiben auch dann nützlich, wenn ihr Preis fällt. Handicap-Signale, deren Preis inflationär fällt, hören dagegen auf zu funktionieren.

4

Botschaften und ihr Preis

► Warum Könige Flamingos im Garten haben und keine Kühe

Thorstein Veblen war anders. Er war einer der hellen Geister des ausgehenden 19. Jahrhunderts, ein Gelehrter oder Intellektueller, wie man heute sagen würde. Seine *Theorie der feinen Leute*[1] wird noch heute gedruckt und zählt zu den Klassikern der Ökonomie und Soziologie. Er unterrichtete nacheinander an der Cornell University, der Chicago University, der Stanford University und der University of Missouri, arbeitete eine Weile für die staatliche Lebensmittelbehörde der USA, war Herausgeber einer Zeitschrift und beendete seine Karriere an der New Yorker New School for Social Research. Und dennoch, trotz dieses sehr umtriebigen beruflichen Lebenslaufes war Veblen so etwas wie ein Sonderling. »Er ging durchs Leben, als ob er aus einer anderen Welt stamme … Das, was er sah, erschien ihm so pikant, exotisch und sonderbar wie die Rituale eines Stammes von Wilden«, schrieb ein geistesgeschichtlicher Chronist über ihn. An der gleichen Stelle heißt es, dass er gewissermaßen eine »Ansammlung von Exzentrizitäten«[2] war. Auf ein Wort gebracht konnte man ihn nur als *strange*, als fremdartig bezeichnen.

Vielleicht waren hierfür seine norwegischen Wurzeln verantwortlich. Seine Eltern waren in die USA eingewandert, und der Sohn hatte sich hochgearbeitet. Nicht auszuschließen, dass es eine gewisse nordländische Melancholie war, die ihn sein ganzes Leben über begleitete. Ganz gleich, was es war, Thorstein Veblen war jemand, der die Gesellschaft von außen sah, mit dem analytischen Blick eines Individuums, das nicht am endlosen menschlichen Reigen teilhatte. Immer wieder zog er sich auch von dem Teil der Gesellschaft, mit dem er Kontakt pflegte, zurück und lebte in Einsamkeit, las und schrieb und machte sich seine Gedanken über die Welt da draußen. So lagen zwischen dem Ende seines Studiums, das er mit einem Doktor der Philosophie abschloss, und seiner ersten Stelle sieben Jahre der Arbeitslosigkeit, die er, zum größten Teil wie besessen lesend, auf der Farm seiner Eltern verbrachte.

Als Frucht dieser zeitweiligen Abgeschiedenheit und lebenslangen Distanz entstand eines der pointiertesten Bücher, dessen sich die Sozial- und Wirtschaftswissenschaften rühmen können. Ein Buch, das so eigen in seinem Betrachtungsansatz ist, dass es von vielen Zeitgenossen als eine sonderbare Satire gesehen wurde[3]: die schon erwähnte *Theorie der feinen Leute*, die Veblen mehrfach umschreiben musste, bis sein Verleger mit der Lesbarkeit des Werkes einverstanden war.

Dass Veblens Werk nie die Beachtung erhielt, die es wahrscheinlich verdient, lag unter anderem daran, dass sich die politisch-ökonomische Diskussion seiner Zeit um andere Denker und Themen drehte. Dies waren vor allem Marx, Engels und die verschiedenen Formen linker Gesellschaftsentwürfe wie Kommunismus, Sozialismus oder Anarchie. Marx meinte, dass die Arbeiter sich in naher Zukunft gegen die herrschende Klasse der Kapitalisten auflehnen und diese mit dem Ziel einer gesellschaftlichen Egalisierung revolutionär zum Verschwinden bringen würden.

Veblen sah die Situation ganz anders. Er war überzeugt davon, dass es letztendlich nicht Ziel eines jeden Arbeiters war, Gleicher in einer Masse von Gleichen zu sein. Zu lange hatte sich sein analytischer Verstand mit der Gesellschaft, in der er lebte, auseinander gesetzt, um dieses Märchen eines weltlichen Paradieses zu glauben. Er war sich sicher, dass die Menschen nicht gleich sein wollen, sondern ungleich, nämlich besser, reicher und schöner als ihre Nachbarn — und dies nicht nur im stillen Kämmerlein, sondern so, dass möglichst viele es wahrnehmen.

In diesem Zusammenhang prägte Veblen einen ebenso genialen wie leider im deutschen Sprachraum wenig bekannten Begriff, nämlich den des „demonstrativen Konsums" (*conspicuous consumption*). In ihm fand Veblen einen Erklärungsansatz, der ein anfänglich bizarres, aber dann außergewöhnlich erhellendes und faszinierendes Licht auf das menschliche Leben wirft.

Sollten Sie sich während der letzten Absätze gefragt haben, was dieser anscheinend doch sehr sonderbare Wirtschaftswissenschaftler mit der biologischen Evolution zu tun hat, dann kommt jetzt die Antwort, auf die Sie gewartet haben: Veblen ist in gewisser Hinsicht den Zahavis zuvorgekommen. Was diese an zahllosen Beispielen für das Tierreich belegt haben und auch für die menschliche Gesellschaft annehmen, hat Veblen schon fast hundert Jahre früher detailliert ausgeführt — freilich ohne Bezug zu darwinischen Evolutionsprozessen.

Nehmen Sie die eingangs aufgeworfene Frage: „Warum haben Könige Flamingos und keine Kühe im Garten?" Dies ist eine der auf den ersten Blick skurrilen Fragen, derer sich Sonderling Veblen mit wissenschaftlichem Eifer angenommen hat. Mögliche Antworten wären, dass dieses rosarote Federvieh einfach schöner ist als die ordinär schwarz-weiß gescheckte Kuh oder besser zur Eleganz eines Hofes passt. Gewiss, diese Aussagen mögen nicht falsch sein, aber sie dringen noch nicht zum Kern vor. Denn letztendlich sind Schönheit und Eleganz in diesem Fall nur Mittel zum Zweck: Selbstdarstellung und Deklassierung möglicher Konkurrenten. Die so anmutigen Flamingos standen also nicht aus rein ästhetischen Beweggründen in den Gärten Ludwigs XIV., sondern um zu zeigen, dass er es sich leisten konnte. Wie reich, mächtig und unvergleichlich muss jemand sein, um die sowieso schon überschäumende Pracht seiner Besitzungen noch mit derartigen Exotika zu verzieren? Im Grunde genommen handelt es sich hier wieder um einen Pfau, auch wenn dieser über zwei Arme, zwei Beine und eine Königskrone verfügt.

Demonstrativer Konsum wird um der Mitmenschen willen getrieben. Es geht dabei nicht in erster Linie darum, sich Annehmlichkeiten zu leisten oder einen direkten praktischen Nutzen aus dem getriebenen Aufwand zu ziehen. Dafür wären Milch gebende Kühe besser geeignet. Das Ziel derartiger Aktivitäten ist vielmehr die Meinung, die man in den Köpfen der anderen erzeugt, weil diese es ist, die bestimmt, wo man in einer Gesellschaft steht und welche Wertschätzung einem entgegengebracht wird.

Veblen zeichnet für dieses Verhalten einen historischen Ursprung. Erst nach dem Sesshaftwerden der Menschen und einem Produktivitätsanstieg über den absolut notwendigen Eigenbedarf hinaus konnte in seinen Augen der demonstrative Konsum einsetzen. Kontrastiert man diese Ansicht mit den Erkenntnissen der

Zahavis, dann stellt sich heraus, dass ein derartiger innerartlicher Mechanismus keineswegs erst mit der Aufgabe des Nomadentums in der Jungsteinzeit entstand. Veblens demonstrativer Konsum gleicht funktional dem Handicap-Prinzip der Zahavis. Verwendet man den alternativen Begriff *costly signaling*, dann wird offensichtlich, dass beide Theorien vom gleichen Phänomen sprechen. Was der Pfau macht, ist im allerbesten Sinne demonstrativer Konsum. Er verbraucht große Mengen an Körperreserven, um sich seinen unfunktionalen Schmuck leisten zu können. Umgekehrt leistete sich Ludwig der XIV. mit seinen Flamingos ein Handicap, einen finanziellen Aufwand, der zu nichts anderem diente, als sichtbar zu verbrauchen und somit seine königliche „Gloire" noch heller leuchten zu lassen.

Aber lassen wir Veblen selbst vorführen, wie er das Funktionieren der Gesellschaft begreift. »Die unteren Klassen können der Arbeit auf keine Weise entgehen, weshalb der Zwang zu arbeiten auch nicht als erniedrigend empfunden wird… Da die Arbeit die anerkannte Lebensform bildet, setzen diese Klassen im Gegenteil ihren Stolz darauf, sich darin den Ruf der Tüchtigkeit zu erwerben, und hier liegt oft die einzige Möglichkeit des Wettbewerbs, die ihnen offen steht.«[4] Es sind also nicht die Arbeiter, die Proletarier, wie man damals noch sagte, an denen sich Veblens Entdeckung beobachten lässt. Ihm geht es um die feinen Leute der besitzenden Oberklasse, diejenigen Menschen also, auf die er schon im Titel seines Buches verweist. Was diese betrifft, so attestiert er, »um Ansehen zu erwerben und zu erhalten, genügt es nicht, Reichtum oder Macht zu besitzen. Beide müssen auch in Erscheinung treten, denn Hochachtung wird erst ihrem Erscheinen gezollt.«[5]

▶ Der Häuptling, der verhungerte

Es wird, so schreibt Veblen, »von Häuptlingen polynesischer Stämme berichtet, dass sie unter dem Zwang solch feiner Lebensformen lieber Hungers starben, als dass sie die Nahrung mit eigenen Händen zum Munde führten«.[6] Malt man sich dieses Geschehen vor dem geistigen Auge aus, dann wirkt es wie eine der Geschichten, die als moderne Legenden bezeichnet werden. Natürlich kennt jeder Mensch andere, denen — oder zumindest deren Bekannten — schon mal wirklich unglaubliche Sachen widerfahren sind. Aber was Veblen hier schildert, sollte in einer Welt, die von vernünftigen Tieren — wie Aristoteles uns Menschen nennt — bewohnt wird, nicht möglich sein. Wenn ein Mensch Nahrung braucht, dann steht zu erwarten, dass er sich diese in ausreichender Menge zuführen wird. Der einzige Umstand, der dies verhindern kann, ist die Abwesenheit oder Unerreichbarkeit jeglicher Nahrungsmittel.

Was Veblen aber im Fall des polynesischen Königs vorträgt, würde, wenn es literarischen Ursprungs wäre, einem Franz Kafka alle Ehre machen. Hier verhungert ein Mensch, nicht weil es weit und breit kein Essen gäbe, sondern weil es niemanden gibt, der ihn füttert. Es handelt sich dabei auch nicht um eine Person, die aufgrund von tragischen Umständen außerstande wäre, diese Tätigkeit selbst auszuführen. Der Grund für den Hungertod ist, dass es mit dem sozialen Stand und Status eines Königs in diesen Gesellschaften unvereinbar ist, sich das Essen selbst zum Mund zu führen.

Eine derartige Verhaltensregel, die es verbietet, Speisen jeglicher Art mit den eigenen Händen zu verzehren, stellt eine scheinbar monströse Absurdität dar. Aber, so führt Veblen aus, eben nur scheinbar. Die sozialen Werkzeuge der feinen Leute, demonstrativer Konsum und demonstrativer Müßiggang, sind auf den ersten Blick so einfach und verbergen doch erschreckende Abgründe. Im Falle des polynesischen Königs führt gerade nicht Konsum, sondern Konsum*verzicht* zum Ableben. Es mutet etwas zynisch an, dieses Verhungern als demonstrativen Müßiggang zu bezeichnen, aber in letzter Konsequenz ist es genau das.

Zu diesem demonstrativen Müßiggang führt Thorstein Veblen aus: »Guter Geschmack, Manieren und kultivierte Lebensgewohnheiten sind wertvolle Beweise der Vornehmheit, denn eine gute Erziehung verlangt Zeit, Hingabe und Geld und kann deshalb nicht von jenen Leuten bewerkstelligt werden, die ihre Zeit und Energie für die Arbeit brauchen.«[7] Dies leuchtet ein. Wer sich tagein, tagaus mühen und plagen muss, um die Existenz seiner selbst und der Seinen sicherzustellen, der hat keine Möglichkeit, zum Virtuosen im Umgang mit der Hummerzange aufzusteigen oder einen Blick für Schnitte und Stoffe zu entwickeln, der es erlaubt, die schillernden Erzeugnisse der Couturierkunst dem einen oder anderen Designer zuzuordnen. Bei diesen Beispielen ist es ganz offensichtlich, dass es sich um demonstrativen Müßiggang handelt. Hier wird nichts produziert oder hervorgebracht, sondern vielmehr Zeit verbraucht. Dabei wird allen Anwesenden demonstriert, dass man über Erfahrungen verfügt, die nur durch einen ähnlichen Zeitaufwand in der eigenen Vergangenheit entstehen konnten. Ein Mensch, der souverän die Panzer von Meerestieren mit den für diese Tätigkeit spezifischen Werkzeugen öffnen kann, macht dieses nicht zum ersten Mal. Ein anderer, der mit Kennerschaft Modekreationen ihrem Schöpfer zuordnen kann, stellt unzweifelhaft unter Beweis, dass er über lange gewachsene und intensiv gepflegte Kenntnisse verfügt.

So weit an dieser Stelle zu den Standardfällen des demonstrativen Müßiggangs. Müßiggang, das sei noch einmal angemerkt, gilt hier als Umschreibung für alle Tätigkeiten, die keinerlei produktiven Charakter haben und somit als eigentlich nutzlos bezeichnet werden könnten. Wollte man den Terminus umformulieren, so könnte man auch von demonstrativ nutzlosen Tätigkeiten sprechen — Tätigkeiten, die einer größeren oder kleineren Gesellschaft vorgeführt werden, weil sie über die wirtschaftliche Potenz ihres Akteurs Aufschluss geben. Die Aussage ist stets dieselbe: „Ich kann es mir leisten, meine Zeit so unproduktiv zu verbringen, weil ich über die nötigen Ressourcen verfüge."

Was aber haben verhungernde polynesische Herrscher mit dieser doch recht gut nachvollziehbaren Überlegung zu tun? Sehr viel: Sie leben den demonstrativen Müßiggang bis zur Selbstaufgabe aus. Man könnte von einer pathologischen Form des demonstrativen Müßiggangs sprechen — pathologisch deshalb, weil die gängige Hierarchie der Bedürfnisse außer Kraft gesetzt wird. Hier wird nicht mehr primär an das Aufrechterhalten der eigenen Physis und eine Behausung zum Schutz vor den Unbilden des Wetters gedacht. Hier sind es die gesellschaftlichen Verpflichtungen und der

Verhaltenscodex, denen der unbedingte Vorrang eingeräumt wird. Und wenn diese tief genug in der Psyche der jeweiligen Person verankert sind, dann ist ein unter normaler Sichtweise als irrsinnig erscheinendes Dahinscheiden durchaus vorstellbar.

Nehmen wir einen dieser suizidal veranlagten Könige und werfen einen Blick in dessen Gedanken. Diesem Menschen ist sein ganzes Leben lang vermittelt worden, dass Arbeit etwas Niedriges, Elendes und Verachtenswürdiges ist. Jegliche Tätigkeit, die auch nur im Entferntesten nach Arbeit riecht, ist dieser Person unwürdig. Unwürdig ist in diesem Zusammenhang noch ein zu schwacher Ausdruck. Es ist vielmehr so, dass sich jegliche derartige Tätigkeit für einen König prinzipiell verbietet. Er thront über allem, beherrscht alles und gehört einer Sphäre des Seins an, die Arbeit prinzipiell ausschließt.

Was geschieht nun, wenn einem solchen Menschen die hilfreichen Hände entzogen werden, die unter anderem seine Ernährung sichern? Der gesunde Menschenverstand kommt an dieser Stelle zu dem Schluss, dass das Ende der paradiesischen Zustände zwar bedauerlich ist, sich daran aber nichts ändern lässt und es somit Zeit wird, selbst in die Küche zu gehen und sich ein Brot zu machen. Im Kopf eines Südseemonarchen nimmt sich die Situation jedoch vollkommen anders aus. Er ist der König, er weiß, dass er der König ist, und ist von diesem Königtum bis in die letzte Faser seines Körpers durchdrungen. Das Anfassen und Zubereiten von Speisen ist mit seinem Wesen unvereinbar. Sich zu derartig profanen Tätigkeiten herabzulassen, käme der Selbstaufgabe gleich. Es wäre ein nicht wieder gutzumachender Verrat an seiner Größe, seiner Herrlichkeit und seiner gesellschaftlichen Position. Kurz gesagt, es wäre das Ende seiner königlichen Existenz. Gleich einem gefallenen Gott könnte er nur noch hoffen, dass ein gnädiges Schicksal ihn bald aus diesem Leben in Schande befreit. Dann lieber gleich verhungern!

▶ Die wahre Währung der Gesellschaft: Prestige

Verhungernde Häuptlinge und Flamingos in den Gärten von Monarchen waren weder zu der Zeit, als die *Theorie der feinen Leute* entstand, wichtige Faktoren im gesellschaftlichen Leben, noch sind sie es heute. Dies bedeutet aber nicht, dass die zugrunde liegenden Verhaltensmuster — demonstrativer Konsum und Müßiggang — randständige Phänomene wären. Ganz im Gegenteil: Beide Institutionen, wie sie Veblen nennt, lassen sich beständig und in einer kaum zu überschauenden Vielzahl von Ausprägungen beobachten. Der Grund für diese Omnipräsenz liegt in dem, was beide Strategien — erfolgreich eingesetzt — erbringen: Prestige.

Prestige ist »der Ruf oder die Wertschätzung in den Augen der Mitmenschen« oder, wenn man es anders sagen will, das »Gewicht oder der Einfluss in der öffentlichen Meinung«.[8] Demonstrativer Konsum und demonstrativer Müßiggang zielen in diesem Sinne auf dasselbe ab, nämlich auf ein möglichst gutes Bild, das sich andere Menschen von demjenigen machen sollen, der sich so verhält. Nach Thorstein Veblen kann man davon ausgehen, »dass der Nutzen, den beide Institutionen für das Prestige besitzen, in dem ihnen beiden gemeinsamen Element der Vergeudung und Verschwendung liegt. Im einen Falle handelt es sich um eine Verschwendung von Zeit und Mühe, im anderen um die Vergeudung von Gütern. Beides sind Methoden, um den persönlichen Besitz zur Schau zu stellen, und beide gelten als gleichwertig. Die Wahl zwischen ihnen ist eine bloße Frage des besseren Effekts…«[9] Wenn Veblen Recht hat, wofür einiges spricht, dann gleichen wir also in gewissem Sinne Schauspielern, die ihren Zuschauern etwas vermitteln wollen. Anders als im Theater geht es aber nicht um unterschiedliche Rollen, sondern um ein einziges, stets gleich bleibendes Ziel: Prestige.

Warum aber wollen Menschen Prestige? Warum ist es so wichtig, dass andere einen hochschätzen und achten? Die Antwort hierauf lautet, dass Prestige kein Selbstzweck ist, sondern sich umsetzen lässt in ganz konkreten Nutzen und handfeste Vorteile.

Eine positive Meinung im Kopf anderer Menschen geht vorteilhaft in deren Entscheidungen ein. So dürfte zum Beispiel ein König, der es sich leisten kann, Flamingos in seinen Gärten zur Schau zu stellen, auch über die notwendigen Ressourcen verfügen, um als Partner für eine militärische Allianz interessant zu sein. Derartige Kalküle, die es erlauben, indirekt Fähigkeiten zu beurteilen und einzuschätzen, die man nicht direkt in Augenschein nehmen kann — verborgene Qualitäten also —, sind nach Veblen in der menschlichen Gesellschaft stets präsent. Schon das Leben in einem Sozialverband, dessen Größe es unmöglich macht, zu allen Mitgliedern intensive Beziehungen zu unterhalten, führt fast unausweichlich zu derartigen Mechanismen.

Diese doch recht ungewöhnlichen Gedanken Veblens über das Funktionieren des menschlichen Miteinanders wurden im Jahre 1899 veröffentlicht. Viele Leser sahen in seiner *Theorie der feinen Leute* eine pointierte und fast zynische Aufarbeitung der sie umgebenden Welt. Sein Gedankengebäude schwebte jedoch gewissermaßen schwerelos im intellektuellen Raum. Veblens Diagnose vom universellen Abzielen auf Prestige bot keine Anschlussmöglichkeit an andere theoretische Auseinandersetzungen mit der Welt. Seine geistreiche Theorie war somit ein Unikum, das zu bedeutend war, um dem Vergessen anheim zu fallen, aber zu sperrig, um sich in die geistigen Strömungen seiner Zeit einzufügen und fortzuschreiben.

Diese aristokratisch-solitäre Zeit von Veblens Werk ist jedoch zu Ende. Und der in jüngster Vergangenheit herangereifte Verbündete kommt aus einer Richtung, in der ihn der Autor mit Sicherheit am wenigsten vermutet hätte: aus der Biologie. Das Handicap-Prinzip der Zahavis entspricht den Verhaltensmaximen der feinen Leute Veblens aufs Genaueste. Die Entdeckung der Zahavis bedeutet aber auch, dass Thorstein Veblen sich in bestimmten Dingen geirrt hat. Es sind nicht nur wohlhabende Affen auf zwei Beinen, die Dinge demonstrativ tun, damit sie auf andere wirken. Vielmehr vergeudet eine noch nicht zu überblickende Zahl von Organismen auf diese Weise gezielt Ressourcen.

Und die Zahavis sind einen Schritt über Veblen hinausgekommen. Steht bei ihm das Prestige am Ziel aller teils noch so absurden

Bemühungen feiner Leute und derer, die es gerne wären, so haben die Zahavis zeigen können, dass dieses nur Mittel zum Zweck ist. Denn eigentlich geht es nicht darum, ein anerkanntes und geachtetes Mitglied einer Gemeinschaft zu sein, sondern um möglichst viel Erfolg bei der Fortpflanzung.

Man gewinnt den Eindruck, dass die Theorien wie die Teile eines Puzzles zusammenpassen und ein stimmiges Gesamtbild ergeben. Der eine Teil zeichnet ein ungewöhnliches, aber treffendes Bild der menschlichen Gesellschaft und der andere entwirft ein analoges und ebenfalls sehr überraschendes Bild des Tierreiches. Zwar deuten die Zahavis an, dass sie von ihrer Theorie auch ein großes Erklärungspotenzial für das menschliche Miteinander erwarten, und führen auch verschiedene Beispiele an. Sie erreichen dabei aber nicht die Schärfe und Prägnanz, mit der Veblen fast hundert Jahre vor ihnen das Leben und Streben seiner Artgenossen seziert hat.

Ein Beispiel Veblens dafür, wie in der menschlichen Gesellschaft mitunter Ressourcen verschleudert werden, um gerade deren Vorhandensein offensichtlich zu machen, sind die Livreen königlicher Diener. Man denke nur an die vielen Historienfilme, in denen große Zahlen von edelst gekleideten Lakaien einem Herrscher zu Diensten sind. Veblens Analyse dieses einst ganz realen historischen Phänomens nimmt sich wie folgt aus: Erstens beweist der jeweilige Herrscher schon durch die reine Zahl seiner Diener, dass er über üppige finanzielle Mittel verfügt — demonstrativer Konsum. Zum zweiten kleidet er seine Diener in einer Art und Weise, die möglicherweise noch kostspieliger ist als deren bloßer Unterhalt — es handelt sich somit um stellvertretenden demonstrativen Konsum. Und zum dritten führt die exaltierte Kleidung der eigentlich als Arbeitskräfte gedachten Diener dazu, dass diese überhaupt nicht ernsthaft arbeiten können — ein Fall von stellvertretendem demonstrativen Müßiggang. Dies bezeugt für den Betrachter unzweifelhaft, dass zusätzlich zu all dem Aufwand, den man gewahr wird, auch noch genügend Ressourcen vorhanden sind, um die Leute zu bezahlen, die wirklich die anfallende Arbeit erledigen. Hier werden also Ressourcen verschwendet. Ökonomisch kultivierter klingt es, wenn man von Kosten spricht — Kosten, die in einer Weise erbracht werden, die darauf abzielt, dass die Umwelt es wahrnimmt. Kein König hat je Wert darauf gelegt, die wirklichen und deshalb öffentlich nicht sichtbaren Arbeiter seines Hofes in edlen Zwirn zu verpacken. Auf den Punkt gebracht ist die Botschaft dieses Beispiels: Wer Eindruck auf seine Umwelt machen will, muss dafür sorgen, dass ihm weithin sichtbare Kosten entstehen.

Bezogen auf das Handicap-Prinzip ist die entscheidende Neuerung, die die menschliche Kultur mit sich gebracht hat, dass Kosten jetzt nicht nur auf physiologische, sondern auch auf finanzielle Weise erbracht werden können.

Die Zahavis und Veblen haben unabhängig voneinander zwei Seiten derselben Medaille dargestellt. Dass beide Ansätze von ihrem Ursprung her nicht in direktem Zusammenhang stehen, mag erstaunen, tut aber dem Erkenntnisgewinn, der aus der Zusammenschau beider resultiert, keinen Abbruch.

► Kommunikationsprobleme

Im Tierreich wird mit den Signalen, die das Handicap-Prinzip in den Blick nimmt, eigene Qualität beworben. Jedes Individuum agiert dabei in der Doppelrolle als Werbender und zugleich als Subjekt, für das geworben wird. Beständig werden hierfür offensichtliche Kosten eingegangen, die es für die Umwelt quasi unvermeidbar machen, die Qualität des Werbenden wahrzunehmen und anzuerkennen.

Man kann davon ausgehen, dass unser eigenes Verhalten sich nicht grundsätzlich von dem unserer Mitgeschöpfe unterscheidet. Auch wir Menschen sind Werbende in eigener Sache und geben unsere soziobiologischen Qualitäten an. Dabei geht es um eine Trias von Botschaften, die auf den ersten Blick wenig miteinander zu tun zu haben scheinen, nämlich: „Ich bin fit", „Ich bin stark" und „Ich bin gut". Das „Ich bin fit" entstammt der Sexualität, das „Ich bin stark" der Konkurrenz um Einfluss, Macht und Reichtum und das „Ich bin gut" der Moralität. Das Gemeinsame dieser Botschaften besteht darin, dass ihre Kernaussagen nicht so ohne weiteres erkennbar sind. „Gute Gene" kann man nicht sehen, Macht und Stärke der politischen Figuren nur gelegentlich — und dann eventuell nur unter hohen persönlichen Risiken. Und moralische Integrität kann man nicht nur nicht sehen, sondern sie ist in einer Welt persönlicher Nutzenmaximierer *a priori* sogar unglaubwürdig. Alle drei Botschaften bedürfen also des Beweises ihres Wahrheitsgehalts, und den liefern teure Signale, die schon aufgrund ihrer bloßen Existenz verborgene Qualitäten des Signalgebers belegen.

Signalgeber haben ein persönliches Interesse daran, ihrem Publikum diese versteckten Qualitäten vorzuzeigen. Deshalb bleibt ihnen gar nichts anderes übrig, als sich auf den so teuren Wettbewerb einzulassen, denn schließlich buhlen sie um Gefolgsleute, und die wollen überzeugt sein. Die demonstrative Verschwendung à la Veblen dokumentiert öffentlich den eigenen Marktwert als Sexual- und Sozialpartner. Vordergründig geht es um Aufmerksamkeit, letztlich aber um sexuelle und soziale Anerkennung in den kritischen Augen eines wählerischen Publikums.

Auch die Signalempfänger haben ein vitales Interesse daran, über die versteckten Qualitäten ihrer Sozialpartner aufgeklärt zu sein, denn sie suchen ebenfalls bestmögliche Sexualpartner, höchst potente Machiavellisten und möglichst verlässliche Kooperationspartner. Zu wem soll man sich hingezogen fühlen — sexuell, politisch, moralisch — und mit welcher Intensität? Entscheidungen, die ganz wesentlich Lebenserfolg und Glück beeinflussen und deshalb auf der Grundlage möglichst verlässlicher Information gefällt werden sollten.

Allerdings sind die Interessen von Signalgeber und -empfänger nicht deckungsgleich. Kommunikation ist bekanntlich nicht evolviert, um möglichst störungsfrei und objektiv Information auszutauschen, sondern wegen der Vorteile, die für Signalgeber aus der Beeinflussung des Verhaltens von Signalempfängern erwachsen.[10] Einfache, ökonomisch billige Embleme mit Botschaften der Art „Ich bin fit, stark und moralisch gut" konnten nicht entstehen, weil eine naive, ungeprüfte Übernahme von sozial motivierter Information für die Signalempfänger hochgradig riskant wäre. Schließlich müssten sie damit rechnen, ausgebeutet zu werden. Für Signalempfänger ist deshalb ein Detektor vorteilhaft, der die persönlichen Verlautbarungen der Signalgeber auf ihren Wahrheitsgehalt hin überprüft und sie (die Signalgeber) nach ihrer Nützlichkeit als Partner in sexuellen oder sozialen Angelegenheiten bewertet. Und genau diese Funktion erfüllen Handicaps.

In den Selektionsprozessen der Menschheitsgeschichte sind zweifellos jene Individuen belohnt worden, die in einer Welt sexueller und machiavellistischer Konkurrenz für sie vorteilhafte Partnerentscheidungen getroffen haben — die sich also nicht wahllos verpaart haben, sondern die Fitness möglicher Partner einzuschätzen lernten, die sich nicht beliebigen Koalitionen angeschlossen haben, sondern Macht und Einfluss der politischen Figuren erkennen konnten, und diejenigen, die sich nicht wahllos solidarisch-altruistisch verhielten, sondern die moralische Verlässlichkeit möglicher Allianzpartner zu prüfen verstanden. Dies war ihnen nur deshalb möglich, weil die Anbieter ihre jeweiligen Qualitäten über teure und deshalb ehrliche Signale mitgeteilt haben.

Von Kosten war im Zusammenhang mit Tieren und deren Sozial- und Sexualverhalten schon ausführlich die Rede. In diesen Fällen ging es immer darum, dass Organismen Ressourcen — Kraft, Zeit und Gesundheit — in einer Weise einsetzen, die sie primär behindert und somit ein Handicap ist. Da dieses jedoch als aussagestarkes Signal für die Fähigkeiten seines Trägers wirkt, lässt sich aus dem anfangs unsinnig scheinenden Aufwand sozialer und/oder sexueller Profit schlagen.

Wenn es sich bei den Menschen genauso verhält, dann stellt sich die Frage, welcher Art die Kosten sind. Zwar sind wir genetisch und physiologisch unseren Mitgeschöpfen ähnlich bis sehr ähnlich, aber unsere Kultur scheint in gewisser Weise einen Graben zu ziehen, auf dessen einer Seite wir Menschen stehen und auf dessen anderer Seite der Rest der Schöpfung. Wenn also das Handicap-Prinzip und die *costly signaling*-Theorie auch bei uns nackten Affen greifen, dann sollte man der Frage, von welchen Kosten da die Rede ist, nähere Beachtung schenken.

▶ Zeig mir, was du verschleuderst, und ich denke mir, was du bist

Also — was genau macht die Signale des Kulturwesens Mensch teuer und damit fälschungssicher? Was muss verausgabt werden, um Ehrlichkeit zu kaufen? Die Antwort ist trivial einfach. Denken Sie nur an das, was Ihnen persönlich in Ihrem Leben mit einiger Wahrscheinlichkeit am meisten fehlt: Geld, Zeit und Gesundheit natürlich!

Dass Geld kostbar ist, bedarf wohl nicht der näheren Erläuterung. Allerdings könnte man kritisch zu bedenken geben, dass die Kostbarkeit des Geldes zwar für die modernen westlichen Agrar- und Industriegesellschaften mit ihrer Geldwirtschaft und ihren ausgeprägten Macht- und Besitzstratifikationen gilt, aber doch in den ganz anderen sozio-ökologischen Milieus der frühen Menschheitsgeschichte keine Entsprechung findet. Schließlich gelten die steinzeitlichen Wildbeutergesellschaften, deren Subsistenzökonomie keine Ressourcenakkumulation oder gar Mehrwertproduktion zuließ, als sozial weitgehend egalitär. Trotz dieses nicht unerheblichen Unterschieds wurde aber — nach allem, was wir wissen — schon immer das knappe Gut und nicht etwa das gewöhnliche als kostbar empfunden. Zu den historisch ältesten kulturellen Signalen gehört die Körperbemalung[11], und dazu wurden ganz selbstverständlich edle Erden verwendet, die nur unter Aufwand besorgt werden konnten. Man kennt australische Aborigines, die Feindesland riskant durchqueren mussten, um an ihre Ocker zu gelangen[12], wie überhaupt die Ethnographie der rezenten Wildbeuter- und Pflanzergesellschaften vielfältige Belege dafür zusammengetragen hat, wie Kostbarkeit das Schöne konstituiert.[13] Fazit: Teuer macht schön, und einer der Kostenfaktoren (oder Schönheitsfaktoren, was in diesem Zusammenhang dasselbe ist) besteht im Verbrauch knapper Güter — sei es nun Geld, seltenes Schmuckgefieder von Paradiesvögeln oder Erde aus Feindesland.

Signale können darüber hinaus auch deshalb teuer werden, weil zu ihrer Produktion Gesundheit und Leben riskiert werden. In vielen historischen und traditionellen Gesellschaften gilt als schön, wessen Körper auf besondere Weise künstlich deformiert wurde, sei es durch Abfeilen der Zähne, durch Narben und Tattoos, durch Piercing oder durch Schädel-, Genital- und Fußdeformationen. Auch das aus der westlichen Modegeschichte bekannte Einschnüren der weiblichen Taille gehört in diese Kategorie. Alle diese Signale fordern selbstverständlich ihren mehr oder weniger hohen Tribut. Schädeldeformationen reduzieren die Lebenstauglichkeit, Ablationen verursachen Schmerzen und Probleme beim Kauen und Sprechen, Vernarbung kann wegen der Infektionsrisiken tödlich enden, und der Hinweis, dass die eingeschnürte Wespentaille ungesund sein kann, findet sich bereits in den ersten Ausgaben aufklärerischer Frauenmagazine. Die Verbannung des ungesunden Korsetts galt vielen geradezu als Symbol der Frauenemanzipation.

Zum Teil sind es die deformierten Menschen selbst, die Hand an sich legen lassen, zum Teil sind es Eltern, die gegebenenfalls gleich nach der Geburt mit der Umformung ihrer Kinder beginnen. Wenngleich die Pein, die damit verbunden ist, von den Kindern erlitten wird, sind es die Eltern, die gemäß der Logik des Handicap-Prinzips die Kosten dafür tragen. Schließlich verausgaben sie einen Teil ihrer reproduktiven Fitness, investieren also in der ultimativen Währung der darwinischen Ökonomie. Die Formel lautet: Fit ist, wer Vitalität verschwendet. Die Betonung liegt dabei auf dem Wort „verschwendet", denn nicht gemeint sind all jene Narben, die ganz ungewollt in den Fährnissen des Lebens entstehen. Ein durch Unfall verunstaltetes Gesicht wird wohl nur sehr selten als schön empfunden, schließlich legt es nicht Zeugnis von Verschwendung ab und hat deshalb nichts zu tun mit den Signalen, von denen das Handicap-Prinzip handelt. Anders der gewollte Schmiss — er galt in entsprechenden akademischen Zirkeln als besonders prestigeträchtig.

Und schließlich ist es Zeit, die den Preis bestimmt — Zeit, die zur Herstellung eines Signals eingesetzt werden muss oder die man braucht, um bestimmte Techniken zu lernen und zu vervollkommnen. Nur wer viel übt, kann schön musizieren, singen, schnitzen, bildhauern, malen, sticken oder tanzen. Weil aber nicht jeder, der lange übt, diese Techniken schließlich gut beherrscht, ist das Zeit-/Leistungs-Verhältnis ein brauchbares Maß für das, was man gemeinhin „Begabung" nennt und worin sich bestimmte Aspekte von Intelligenz und Kreativität ausdrücken. Zeit ist deshalb so kostbar, weil ihre Verschwendung Opportunitätskosten verursacht, denn schließlich könnte man, anstatt ausdauernd zu üben oder langwierig zu gestalten, produktiv arbeiten, Ressourcen anhäufen und diese — wie üblich — in Selbsterhaltung, Verpaarung und Reproduktion stecken. Wer dies jedoch sichtbar nicht tut, wer beispielsweise als steinzeitlicher Jäger nicht der Gazelle nachstellt, sondern stattdessen Flöte spielt, zahlt einen Preis, und weil aus puren Selbsterhaltungsgründen nicht jeder diesen Preis entrichten kann, wird Zeitverschwendung zu einem ehrlichen Signal. Wer was gelten will — das haben wir schon von Thorstein Veblen gelernt — darf nicht produktiv sein, sonst könnte man ihn nicht von der Masse der armen Schlucker unterscheiden. Wer was gelten will, muss stattdessen verschwenderisch mit knappen Dingen umgehen, eben auch mit Zeit.

Kostbar ist, was zu seiner Produktion wertvolle Zeit verbraucht. Bei den Eipo aus den Hochtälern Neuguineas gelten Tanznetze als kostbar, die — zu nichts Praktischem nutze — sehr viel Zeit und Fingerfertigkeit zu ihrer Herstellung erfordern und nur deshalb ihren Träger schmücken und ihm Prestige verleihen.[14] Den Schwälmer Bauern im Herzen Deutschlands galten — wie wohl allen anderen europäischen Landsmannschaften auch — kunstvolle Trachten als kostbar, die — ebenfalls ohne praktischen Nutzen — nur sehr mühsam herzurichten sind. Und aus demselben Grund gilt vermutlich vielen von uns handwerklich hergestellte Ware als schöner als dieselben Güter aus industrieller Produktion — und dies, obwohl Industrieware perfekter vom Fließband rollt, als es die immer leicht unregelmäßig-fehlerhafte Handarbeit je sein kann. Es ist die Investition von Extra-Arbeit, die diese Dinge teuer macht.

Wenn aber etwa wegen technischer Entwicklungen der Preis sinkt, wenn also die Signale keine nennenswerte Investition aus einem begrenzten persönlichen Zeitbudget mehr erfordern, tragen sie keine Botschaft mehr. Sie verlieren ihre Glaubwürdigkeit und damit ihren ästhetischen Reiz. Schönheit unterliegt dann — ganz unabhängig von ihrem sensorischen Appeal — der inflationären Abwertung. Die Möglichkeit der technisch-automatisierten Herstellung von Spitze haben das Interesse an ihr nahezu verschwinden lassen. Samt und Seide, früher Garanten eines schönen Outfits, haben sich mehr oder weniger in die Reihe „gewöhnlicher" Gewebe wie etwa Baumwolle eingeordnet. Schnitzereien aus Oberammergau stehen heute unter „Maschinenverdacht" und werden deshalb — anders als früher — eher als Kitsch denn als Kunst betrachtet. Um dem entgegenzuwirken, verwenden die Holzschnitzer das profane „ehrliche Signal" unserer Tage: das geschützte Gütesiegel. Es gibt Computerprogramme, die Musik im Stil alter Meister produzieren, und zwar angeblich in einer Güte, die es selbst Experten schwer macht, die Neuproduktionen als solche zu erkennen. Dennoch — wir werden ganz irrational Vivaldi schöner finden als die stilistisch durchaus gleichwertigen Kunstprodukte der Computertechnik, denn unser Handicap-Verstand flüstert uns: „Was billig herzustellen ist, ist wertlos."

Ressourcen, Zeit, Gesundheit — es mag überraschen, dass diese drei an sich sehr unterschiedlichen Währungen gemeinsam den Preis der Signale ausmachen, wo sie sich doch sonst im Leben kaum zu berühren scheinen. Als unterschiedliche Formen des Lebensaufwands sind sie jedoch in eine gemeinsame Leitwährung konvertierbar, nämlich in „reproduktive Fitness". Das ist die Währung des darwinischen Prinzips, auf deren Maximierung alle Organismen, einschließlich des Menschen, von Natur aus eingestellt sind. Zu diesem Zweck erschließen und akkumulieren sie Ressourcen, investieren in ihre Gesundheit und Selbsterhaltung und in die ihrer Nachkommen und gehen sparsam mit Zeit um. Wann immer aber Ressourcen, Vitalität und Zeit verausgabt werden, werden Lebens- und Reproduktionschancen abgeschöpft, und deshalb drückt diese ungleiche Trias den biologischen Merkmalen das ultimative Preisschild auf. Auch der Preis von Signalen bestimmt sich in letzter Analyse durch den Einsatz von reproduktiver Fitness, die zu ihrer Herstellung nötig war — wenngleich sich die Kosten an der kulturellen Oberfläche äußerst vielfältig ausdrücken können.

Wer aber in der Lage ist, seinen Status fälschungssicher anzuzeigen, gewinnt gesellschaftliches Prestige, jenes knappe Gut, um das unter Umständen mit enormem Einsatz konkurriert wird. Wer sein Prestige vermehren will, muss unmissverständlich anzeigen, dass er es verdient, und zwar durch Verschwendung — in der Diktion Veblens durch demonstrativen Konsum und Müßiggang, in der Diktion der Zahavis durch Handicaps.

Die durch die Kombination von Handicap-Prinzip und Feine-Leute-Theorie neu gewonnene Sichtweise macht neugierig. Wenn es so ist, dass Menschen wirklich umfassend auf eine Ausgeben-und-Auffallen-Strategie setzen, dann sollte es nicht allzu schwer sein, weitere Beispiele zu finden — insbesondere solche, die aus anderen Quellen stammen als die Theorien, die sie belegen sollen. Lassen Sie uns die im Abschnitt „Kommunikationsprobleme" erwähnten drei Teilbereiche — Fitness, Macht und moralische Integrität — einzeln in Augenschein nehmen und untersuchen, wie die Signale beschaffen sind, die diese Eigenschaften unmissverständlich öffentlich kenntlich machen.

▶ Akzeptiere mich als Vater Deiner Kinder, denn sieh her: Ich bin fit

Fishing for fitness

Auf der Insel Mer am Rand der Korallensee gehen ein Mann und eine Frau bei Niedrigwasser im Riff auf Nahrungssuche. Der Mann geht mit einem großen Bambusspeer an die Riffkante, stochert etwas in einer niedrigen Lagune herum und bezieht dann Stellung auf einer großen Koralle, um das Wasser nach Anzeichen von Kaninchenfisch, Tintenfisch, Riesentravally, Süßlippe und Meeräsche abzusuchen. Als er die Rückenwellen von Riesentravallys sieht, holt er aus, zielt und wirft seinen Speer fast 20 Meter weit. Er verfehlt. Er holt seinen Speer zurück, richtet die Widerhaken aus und geht weiter, bis er erneut einen Fisch sieht. Er wirft, und am Ende seines Speers zappelt ein Fisch, der gerade mal ein bisschen größer ist als seine Hand. Er setzt seinen Weg fort und erlegt noch einen zweiten Fisch, bevor die beginnende Flut das Laufen zu beschwerlich macht. Während er mit dem Speer jagt, ist seine Frau auf dem trockenge- fallenen Teil des Riffs mit Korb, Messer und einem Hammer unterwegs. Sie hebt eine Riesenmuschel auf, schneidet das Fleisch heraus und legt es in ihren Korb. Sie hebt eine Fingerschnecke auf, knackt den Panzer und legt das Fleisch in ihren Korb. Sie trägt einen kleinen Speer mit sich, be- nutzt diesen aber hauptsächlich, um das Gleichgewicht zu halten. Wenn sie einen Oktopus oder Fisch in ihrer direkten Nähe sieht, versucht sie ihn mitunter aufzuspießen. Als die Flut auch den trockenliegenden Teil des Riffs überspült, treffen sich Mann und Frau am Strand. Ihr Korb ist voll mit Fleisch, während er nur zwei mittelgroße Fische hat.[15]

Ein Südseeidyll. Man fühlt sich an die Bilder Paul Gauguins erinnert. Mann und Frau versorgen gemeinsam ihre Familie. Ein Himmel von endlosem Blau wölbt sich über dem einfachen und ehrlichen Leben zweier Menschen. Die Wissenschaftlerin Rebecca Bird lässt sich jedoch von diesen paradiesischen Zuständen nicht bis zur Sprachlosigkeit umschmeicheln, sondern stellt eine nüch- terne und weit reichende Frage: »Warum sollten zwei Individuen unter denselben Umständen Unterschiedliches tun?«[16]

Genau das ist es ja, was das Paar in ihrem Beispiel macht. Beide bewegen sich in derselben Umwelt, verfolgen aber unterschiedli- che Strategien der Nahrungsbeschaffung. „Warum?" ist in der Tat eine nahe liegende Frage. Die Wissenschaft vom Menschen, die Anthropologie, hält in diesem Zusammenhang seit langem ein Erklärungsmuster bereit, das in einem etwas weiteren Sinne sogar namensgebend für unsere fernen Vorfahren geworden ist. Der Grund dafür, dass sich Mann und Frau unterschiedlich verhalten, liegt gemäß dieser Sicht in einer geschlechtsspezifischen Speziali- sierung. Statt von Jägern und Sammlern müsste man, wollte man politisch korrekt sein, besser von Jägern und Sammlerinnen spre- chen. So nämlich stellt sich in der Rückschau die Aufgabenvertei- lung unserer noch nicht sesshaften Vorfahren dar. So hat man es auch immer wieder bei Völkern und Stämmen beobachten können, die an entlegenen Stellen der Welt diese Lebensweise teilweise noch bis heute praktizieren.

Was aber ist der Sinn dieser geschlechtspezifischen Spezialisierung bei der Nahrungsbeschaffung? Interessanter als die bloße Feststellung, dass es sie gibt, ist doch der Hintergrund dieses Phänomens. In ihrer Studie, die viele Kulturen berücksichtigt, führt Rebecca Bird aus: »In fast allen Fällen konzentrieren sich Frauen auf weit verbreitete Dinge, die eher klein, verlässlich zu beschaffen und oft mit hohem Verarbeitungsaufwand verbunden sind. Männer hingegen bevorzugen Ressourcen, die rarer sind, dafür größer, dem Jagdglück unterliegen und nur geringen Verarbeitungsaufwand nach sich ziehen.«[17]

Die traditionelle Erklärung führt an dieser Stelle aus, dass es sich bei diesen Fällen um kooperative Spezialisierungen handelt, die eine Maximierung der gemeinsamen Nahrungsausbeute ermöglichen. Dadurch, dass jeder sich auf einen Teilbereich der Nahrungsbeschaffung konzentriert, ist es möglich, mehr nach Hause zu bringen, als wenn jeder von beiden alles machen würden. Rebecca Bird kommt jedoch zu einem ganz anderen Ergebnis. Dass beide Partner durch ihre unterschiedlichen Strategien mehr nach Hause bringen, stimmt nicht. Es ist vielmehr so, dass die Frauen den Löwenanteil dessen beschaffen, womit die gemeinsame Familie ernährt wird. In vielen Fällen ist es zudem üblich, dass die Jagdbeute des Mannes großzügig mit Freunden und Nachbarn geteilt wird und somit nur zu einem Teil die eigenen Mäuler stopft. Wenn es um die reine Effizienz der Nahrungsbeschaffung geht, so schließt Rebecca Bird, »haben die Männer reichhaltige Möglichkeiten, diese noch zu verbessern.«[18]

Diese Faktenlage mag anfangs etwas verwirrend wirken. Wenn man davon ausgeht, dass der Mensch selbst in den tiefsten Tiefen seiner Seele ein Nutzenmaximierer ist, dann bleibt es unverständlich, warum sich ein Teil der Menschheit darauf kapriziert, Nahrung auf teilweise spektakuläre, aber ineffiziente Weise zu beschaffen. Betrachtet man nur den Lebensbereich, der mit dem Herbeischaffen und Herstellen von Essen ausgefüllt ist, dann kann man diesen scheinbaren Widerspruch zur Grundnatur des Menschen unmöglich auflösen.

Erweitert man jedoch den Horizont der Betrachtung, dann wird das Verhalten der so genannten Herren der Schöpfung auf einmal erklärlich. Platt gesagt: Es geht gar nicht ums Jagen. Die Jagd und alles, was dazu gehört, sind nur Mittel zum Zweck. Und der Zweck ist — hier greift Bird auf die Idee des *costly signaling* zurück —, eine für alle sichtbare und zuverlässige Botschaft zu erzeugen: „Ich bin fit." Eine Aussage, die man schon aufgrund der gegebenen Schilderung gerne zu glauben bereit ist. Wer in der Lage ist, einen sich bewegenden Fisch im Wasser auszumachen und diesen aus zwanzig Meter Entfernung mit einem Speerwurf zu erbeuten, muss fit sein. Schon eine leichte Sehschwäche würde einen derartigen Erfolg unmöglich machen. Und nur eine Person, die über eine gut ausgebildete Muskulatur und lange geschulte Koordination verfügt, darf sich von einer derartigen Handlung einen Erfolg versprechen. Die Botschaft „Ich bin fit", so unausgesprochen sie auch in die Welt gelangen mag, ist im Falle des Speerfischers unübersehbar.

Bis zu diesem Moment ist die Analyse dessen, was da auf fernen Südseeinseln passiert, gut nachvollziehbar. Nun kommt jedoch der Punkt, an dem offensichtlich wird, dass der Mensch durch mehr mit den Tieren verbunden ist als nur durch die entwicklungsgeschichtliche Vergangenheit. Rebecca Bird hat darüber nachgedacht, welche Effekte das beobachtete Verhalten auf die Fortpflanzung haben könnte. Ihr Ergebnis entspricht völlig den Analysen tierlichen Verhaltens, die im vorangegangenen Kapitel vorgestellt wurden. Die männlichen Exemplare der Spezies, um die es sich in diesem Fall handelt, der Menschen, jagen so, dass sie als interessante Paarungspartner dastehen — auch außerhalb einer schon bestehenden festen Beziehung. Es geht also nicht darum, für die eigene Familie so viel Nahrung wie möglich herbeizuschaffen. Dies ließe sich am leichtesten bewerkstelligen, wenn die Männer genauso vorgehen würden wie ihre Frauen. Die intrinsische Logik des Jagens mit dem Speer ist vielmehr die, zu beweisen, dass man fitter ist als die Konkurrenz. Dazu ist es unumgänglich, sich einer Jagdtechnik zu bedienen, die objektiv schwierig ist und hohe Anforderungen an die körperlichen Voraussetzungen stellt. Nur hier kann sich der wirklich Gute vor dem Mittelmäßigen auszeichnen. Würden die Männer sich der Nahrungserwerbsstrategie der Frauen bedienen, so wäre eine derartige Indikatorwirkung nicht gegeben. Hier könnten Individuen zum Beispiel durch Fleiß ausgleichen, was ihnen an körperlichen Vorzügen fehlt. Unfähigkeit zum oder beim Speerwurf lässt sich jedoch nicht ausgleichen. Man kann es, oder man kann es nicht. Und wenn man es nicht kann, dann hat man keine Chance, dies zu verheimlichen. Von Seiten derer, die ihre Fitness präsentieren wollen, handelt es sich hier um ein ideales Signal, da es (in Abwesenheit eines Fischgeschäfts) vollkommen täuschungssicher ist.

Wenn aber die Sicherheit, dass ein Signal nicht gefälscht werden kann, zugleich bedeutet, dass dieses teuer ist, worin bestehen dann in diesem konkreten Fall die Kosten? Es lässt sich weder ein übermäßiger zeitlicher Aufwand feststellen, noch handelt es sich um eine körperlich übermäßig belastende Tätigkeit. Wo also sind die Kosten? Bei genauerem Hinsehen zeigt sich, dass man gewissermaßen um die Ecke denken muss. Die erheblichen Kosten entstehen nicht durch einen vergrößerten Aufwand, sondern vielmehr durch einen reduzierten Ertrag.[19] All das, was der Mann aufgrund seiner nicht optimalen Jagdstrategie sich und seiner Familie nicht an Fett, Kohlenhydraten, Eiweißen und anderen Nährstoffen zur Verfügung stellt, sind Kosten. Mit dem gleichen zeitlichen und körperlichen Aufwand könnte er deutlich produktiver sein, was die Nahrungsbeschaffung angeht. Die Kosten des Fitness-Signals Speerjagd auf der Insel Mer liegen also nicht in einem eventuellen Mehraufwand, sondern in einem Ertragsminus im Vergleich zu dem, was man mit demselben Einsatz erzielen könnte. Ökonomen sprechen in diesem Zusammenhang von Opportunitätskosten.

Generöse Großwildjäger

An anderen Orten der Welt lassen sich ähnliche Beobachtungen machen. So unterscheidet sich zwar der Lebensraum der Hadza im Norden von Tansania in Afrika in fast jedem Aspekt von den Inseln der Südsee — doch der Signalcharakter männlichen Jagens scheint hier ebenso deutlich hervor. Diese Jäger und Sammler, die in kleinen Gruppen in kargen Savannengebieten leben, haben die gleiche „klassische" Arbeitsteilung. Die Frauen sammeln unspektakuläre Nahrungsmittel und die Männer stellen Tieren nach, die ihrerseits das Möglichste tun, um nicht als Hadza-Mahlzeit zu enden.

Die Anthropologen Kristen Hawkes, James F. O'Connell und Nicholas G. Blurton Jones haben die Jagd- und vor allem Fleischverteilungsgewohnheiten dieser sehr ursprünglich lebenden Menschen einer sehr genauen Betrachtung unterzogen. Auch wenn es hier nicht um Fische geht, sondern um Wild (zum guten Teil auch Großwild), scheint die Jagd nicht so sehr der Eigenversorgung zu dienen als vielmehr dem Aufbau sozialen Prestiges. Dies auch, wenn man berücksichtigt, dass Hadza-Jäger es schaffen, so viel Fleisch zu erbeuten, dass zumindest im untersuchten Zeitraum die statistische tägliche Pro-Kopf-Menge bei 0,7 Kilogramm lag.[20]

Wie sehr sich dieses Szenario vom Leben in der Südsee unterscheidet, wird deutlich, wenn man liest, dass die Beutetiere zwecks besserer Erfassung in Kategorien von weniger und mehr als 180 Kilogramm aufgeteilt wurden. Beutetiere wie Gnus, Antilopen und ähnliches können hier so groß sein, dass sie unter bis zu 25 Personen aufgeteilt werden. Wenn ein Jäger ein großes Tier erlegt hat, dann verbreitet sich diese Botschaft wie ein Lauffeuer, ganz abgesehen von den Geiern, die wie ein Signal weithin sichtbar über dem Schauplatz des Geschehens kreisen. Mitunter kommt es auch vor, dass Hadza-Jäger Löwen oder andere Raubtiere von ihrer frisch geschlagenen Beute vertreiben.

Überraschenderweise wird das Geschehen *nach* dem Erlegen oder Erlangen eines Tieres nicht durch den Jäger dominiert. Zwar nimmt er sich seinen Teil, ansonsten hat er aber keinen Einfluss darauf, wie seine Beute aufgeteilt wird. Gemessen an der schlagartig vorhandenen Nahrungsmenge ist dieser Eigenanteil verschwindend gering. Zumeist sind es weniger als zehn Prozent des Fleisches.

Die sich anschließende Verteilung verdient diesen Namen kaum, sondern ist eher als archaische Selbstbedienung zu betrachten. Wer kommt, nimmt sich, was er braucht. Dies sind vor allem die

Bewohner der Siedlung, zu der der Jäger gehört, aber bei sehr großen Beutestücken auch Besucher aus der weiteren Nachbarschaft. Das tote Tier wird in keiner Weise als Eigentum des erfolgreichen Jägers gesehen. Diskussionen darüber, wie geteilt werden soll und wie groß die Anteile sein sollen, sind nicht selten und gehen zumeist von der fordernden Frage »Wo ist mein Teil?« aus.[21]

Als männlicher Hadza hätte man also die Möglichkeit, sich die ganze Lauferei und Mühe der Jagd zu sparen. Man bräuchte nur zu warten, bis ein anderer erfolgreich ist, um sich dann zu bedienen. Wenn man dabei schnell genug wäre, hätte man möglicherweise noch nicht einmal das Problem, sich anderen Interessenten gegenüber für den eigenen Anteil rechtfertigen zu müssen.

Es muss jedoch irgendetwas falsch sein an dieser Überlegung, denn es gibt keine männlichen Hadza, die diese theoretisch mögliche Strategie praktizieren. Dies kann nur bedeuten: Es geht beim Jagen nicht nur um die Fleischversorgung, sondern es gibt zumindest noch ein weiteres Ziel. Da es also eindeutig nicht nur um den direkten Profit geht, erscheint erneut das Prestige beziehungsweise das soziale Ansehen als die Größe, auf die ein derartiges Verhalten abzielt.

An dieser Stelle ließe sich ein Einwand anbringen: Es könnte doch sein, dass ein erfolgreicher Jäger so freizügig teilt, um an Tagen, an denen ihm das Jagdglück nicht hold ist, genauso freizügig auf die Beute derer zugreifen zu können, mit denen er anderentags geteilt hat — auch wenn es bei der geschilderten Prozedur nicht ganz unproblematisch ist, von einem Teilen zu reden.

Kristen Hawkes und ihre Kollegen haben diesen Einwand sehr wohl bedacht. Er stammt aus der theoretischen Tradition des reziproken Altruismus. Auf den Punkt gebracht lautet dessen Erklärung für das geschilderte Verhalten der Hadza: Jeder gibt dem anderen, wenn er überreichlich Nahrung hat, um an für ihn schlechten Tagen am Überfluss derer, mit denen er geteilt hat, teilhaben zu können. Diese Erklärung, die gewissermaßen ein Nahrungsversicherungssystem für Jäger konstruiert, trägt jedoch nicht. Die Menge des Fleisches, die der Haushalt eines Mannes von der Jagdbeute eines anderen Bewohners erhält, lässt sich anhand der Menge, die dieser von ihm erhalten hat, nicht gut voraussagen.[22] Ein reziproker Zusammenhang, bei dem Gleiches mit Gleichem vergolten wird, lässt sich hier nicht nachweisen. Zwar ermöglicht die Quantität des Fleisches, die ein Mann erjagt, gute Voraussagen darüber, mit welchen Mengen er andere Haushalte unterstützt. Daraus lässt sich aber nicht ableiten, wie viel Fleisch sein Haushalt von der Beute anderer Jäger erhält.[23] Die These, dass sich eine „Wie ich dir, so du mir"-Strategie auf Dauer auszahlt, weil sie das Leben sicherer macht, lässt sich für die Hadza nicht belegen.

Es scheint viel plausibler, die sozialen Praktiken der Hadza als eine Ausprägung des Handicap-Prinzips zu sehen. Die großen Tiere, die den Eigenbedarf eines Jägers in fast grotesker Weise übersteigen, werden gejagt, um eigene Qualitäten zur Schau zu stellen. Es spricht sich herum, wer als Jäger erfolgreich ist, und gerade unter den Männern ist die Jagd ein nicht enden wollendes Gesprächsthema. Wer hier erfolgreich ist, kann sich der Wertschätzung anderer gewiss sein. Wenn also die Großwildjagd der Hadza ein Signal ist, dann stellt sich unausweichlich die Frage, welche Kosten damit einhergehen. Denn nur, wenn Kosten entstehen, handelt es sich um ein Handicap. Diese Aufwendungen, die für Ehrlichkeit sorgen, lassen sich im vorliegenden Fall in drei Kategorien unterteilen. Erstens wäre da das Können und die Erfahrung, deren es bedarf, um als Jäger erfolgreich zu sein. Man muss viel Zeit in das Erlernen der Techniken investieren und beständig üben. Zweitens geht der Jäger, gerade wenn es sich um große Tiere handelt, ein Risiko ein. Nimmt er es zum Beispiel auf sich, Löwen von ihrer frischen Beute zu vertreiben, so setzt er sich Gefahren aus, die bei anderen Arten der Nahrungsbeschaffung nicht existieren. Und drittens wird gerade durch die Wahl besonders großer Beutetiere betont, dass der Jäger über genügend körperliche Ressourcen verfügt, um es mit diesen aufzunehmen.

Die Botschaft, die vermittels dieser Kosten an die Männer und Frauen des eigenen Hadza-Verbands, aber auch an das per Mundpropaganda erreichbare Umfeld vermittelt wird, ist erneut: „Nur weil ich fit bin, konnte ich meine Jagdtechniken so perfektionieren und so reiche Erfahrung zu sammeln. Nur weil ich fit bin, kann ich so große Risiken bei der Jagd eingehen. Und nur weil ich fit bin, kann ich es mit den größtmöglichen Beutetieren aufnehmen."

Natürlich wird kein Hadza derartige Überlegungen anstellen. Die Signalwirkung der Großwildjagd ist nicht davon abhängig, dass ihre Akteure sich über die strategischen Hintergründe ihres Schaltens und Waltens im Klaren sind. In den Landschaften Tansanias reicht es aus zu wissen, dass, wer gut jagt, bei anderen hoch angesehen ist.

Mit dem Sozialprestige steigt zugleich die sexuelle Attraktivität. Folgerichtig finden fitte Jäger mehr Akzeptanz in der Damenwelt als ihre weniger begabten Kollegen und hinterlassen letztlich mehr Kopien ihrer Gene als diese. Die Datenblätter und Statistiken der Wissenschaftler bringen es an den Tag: Mit seiner Reputation als guter Jäger steigen die Chancen eines Hadza-Mannes, eine Frau zu heiraten, die jünger und fruchtbarer als der Durchschnitt ist, zudem als kompetente Mutter ihren Kindern mit größerer Wahrscheinlichkeit das Überleben sichert und obendrein auch noch produktiver arbeitet.[24] Psychologisch formuliert bedeutet der Eindruck schindende Speerwurf: „Schenk mir deine Aufmerksamkeit und Zuneigung, denn sieh her, ich bin ein toller Kerl." In der Funktionslogik des evolutionären Geschehens lautet dieselbe Botschaft ganz prosaisch: „Wähle mich zum Vater deiner Kinder, denn sieh her, meine Gene bringen's!" Und die Frauen verlassen sich gerne auf derart zuverlässige Signale, denn das Kalkül geht auf — für beide Seiten.

Die ganze Sache hat aber noch einen zweiten Aspekt. Bisher haben wir nur über die Kosten der Signale als Garant ihrer Ehrlichkeit gesprochen. Je nachdem, wie die Signalgeber die Kosten eingehen können, offenbaren sie ihre verborgenen Qualitäten. Im Fall der Großwildjagd hat das Publikum aber nicht nur den Nutzen verlässlicher Information über die Jäger, sondern auch einen ganz handfesten materiellen Gewinn: Fleisch! Es lohnt sich also, einen guten Jäger in der Nachbarschaft zu haben. Folglich »wäre jeder Mann, der sich dafür entscheiden würde, kleine Tiere zu jagen oder essbare Pflanzen zu sammeln, als Nachbar weniger erwünscht, weil sein Erfolg den anderen keine Möglichkeit böte, etwas für sich zu fordern.«[25]

Die Kosten eines Signals sind für den Signalgeber gleich hoch, unabhängig davon, ob die Empfänger materiellen Nutzen aus seinem Signal ziehen oder nicht. Im Tierreich scheint es so zu sein, dass die meisten Handicaps nur Information transportieren, also keine altruistische Komponente enthalten. Aus dem Pfauenschwanz ziehen die wählenden Hennen außer Information über die Fitness des Hahns keinen unmittelbaren Gewinn. Beim Menschen hingegen enthalten die Handicaps neben ihrer Information über verborgene Eigenschaften möglicherweise auch materiellen Nutzen für andere, also eine altruistische Komponente. Es scheint deshalb überaus plausibel, dass in der Evolution ein Druck von den Signalempfängern auf die Signalgeber ausging, ihre Signalkosten altruistisch zu tönen.

Das Publikum entwickelt also ein doppeltes Interesse an den Handicaps und setzt damit eine evolutionäre Dynamik in Gang, die bei unseren tierlichen Vorfahren noch unbekannt war. Was andere Primaten-Männer nicht tun, nämlich einen Großteil ihrer Beute an die Frauen und Kinder ihrer Gruppe abzugeben, wird zum typischen Kennzeichen menschlicher Arbeitsteilung. Angesichts dessen ist es nur folgerichtig, wenn Kristen Hawkes und Rebecca Bird die frühe Evolution der menschlichen Arbeitsteilung als Ausfluss des Handicap-Prinzips verstehen.[26] Ohne Handicap-Prinzip keine Nahrungsteilung und ohne Nahrungsteilung keine Menschwerdung des Affen!

Blutige Diagnosen

An diesem Punkt lässt sich kritisch einwenden, dass es doch auch direktere Wege gibt, die eigene körperliche Fitness untrüglich kundzutun. Ein Beispiel, das es wert wäre, erfunden zu werden, wenn es nicht bereits existierte, findet sich in der Geschichte Mittelamerikas. In der einst im heutigen Mexiko blühenden Hochkultur der Maya war es üblich, im Rahmen von rituellen Zeremonien Blut zu lassen.[27] Darstellungen auf den Bauwerken dieser untergegangenen Kultur legen Zeugnis von dieser Praxis ab. Es waren die

Edlen und Wichtigen, die an diesen feierlichen Vergeudungen des menschlichen Lebenssaftes teilnahmen. Ein derartiges Blutopfer konnte sich aber nur derjenige leisten, der in guter körperlicher Verfassung war. Wer ohnmächtig wurde oder seine Leistungsfähigkeit einbüßte, machte für alle sichtbar, dass es um ihn nicht zum Besten stand.

Das Verhältnis der Kosten zur Eindeutigkeit und Unbezweifelbarkeit des mit ihnen verbundenen Signals ist in diesem Fall offensichtlich. Je größer der Blutverlust ist, den ein Individuum ohne sichtbare Auswirkungen auf seine Verfassung übersteht, desto besser ist es um seine Physis bestellt.

Lügen oder Betrügen ist, genau wie es bei einem guten Signal sein soll, in diesem Fall nicht möglich. Wer sich dem Ritual entzieht, macht sich verdächtig. Wer daran teilnimmt, hat keine Wahl, ob er täuschen oder ehrlich über seine Verfassung informieren will. Die Botschaft, die er allen Anwesenden übermittelt, kann nur das eine: nämlich ehrlich Zeugnis darüber ablegen, wie es um ihn bestellt ist. Wer viel Blut entbehren kann und aufrecht und gemessenen Schrittes von dannen geht, der lässt keinen Zweifel an seiner Kraft und seinen körperlichen Reserven. Wer nur wenig Blut entäußert, der legt nahe, dass er sich mehr nicht leisten kann. Und wer Schwächesymptome zeigt oder wem gar die Sinne schwinden, der hat unmissverständlich offen gelegt, dass er sich das, was er getan hat, eigentlich nicht leisten konnte.

In vielen traditionellen und modernen Gesellschaften bilden Initiationsriten die bevorzugte Plattform für sexuelle Selbstdarstellung. Die persönlichen Kosten der Initiation können durchaus sehr beträchtlich sein, vor allem wenn sie mit körperlichen Verstümmelungen einhergehen.[28] In vielen Gesellschaften können nur Männer, die ihre Initiation ordnungsgemäß absolviert haben, damit rechnen, eine Ehefrau oder überhaupt soziale Anerkennung zu finden. Wer hingegen die Pein der Initiation nicht ausgehalten hat, »dem wurde niemals der geringste Respekt gezollt, die Frauen verachteten ihn, Häuptlinge verweigerten Geschenke aus ihrer Hand, die sie stinkend nannten, und so mancher Vater verweigerte ihm die Hand der Tochter«.[29]

Die Höhe der Kosten wird nicht zuletzt durch die lokale Ökologie mitbestimmt. Körperliche Verstümmelungen sind gerade in Regionen mit ausgeprägtem pathogenen Stress teuer, weil risikoreich. Und in perfekter Entsprechung zum Handicap-Prinzip sind sie ausgerechnet in den tropischen Regionen mit überdurchschnittlichem Infektionsrisiko traditionell verbreitet. Ausgerechnet also wo sie am teuersten sind, tragen Narben zur Schönheit von Frauen und Männern bei.[30] Die Botschaft ist offensichtlich: Der Heilungsprozess erlaubt Rückschlüsse auf die Immunkompetenz der Beteiligten, und die ist in einer keimreichen Lebenswelt einer der entscheidenden Fitnessfaktoren. Der Partnerwert steigt mit der Abwehrkraft, und diese wird — fälschungssicher — durch künstliche Verletzungen angezeigt.

▶ Akzeptiere mich als Patron oder fürchte mich als Feind, denn sieh her: Ich bin mächtig

Möge die Macht sichtbar sein

Kommen wir zur zweiten der drei möglichen Botschaften, die Menschen unter Verwendung des Handicap-Prinzips vermitteln können. Im vorhergehenden Abschnitt war die Rede von Fitness, Gesundheit und körperlicher Verfassung. Eine andere Qualität, die ein Individuum öffentlich machen kann, ist die Macht, über die es verfügt. Das Konzept Macht ist abstrakter als der Begriff der Gesundheit oder der körperlichen Fitness. Macht ist nichts, was dem Individuum als körperliches Merkmal anhaftet, sondern eine Eigenschaft, die sich nur in Bezug auf Mitmenschen definiert. Der Gründungsvater der Soziologie, Max Weber, hat Anfang des 20. Jahrhunderts Macht als die Möglichkeit beschrieben, andere Menschen zu etwas zu bringen, was sie von sich aus nicht tun würden.[31]

Der Vorteil derartiger Möglichkeiten ist offensichtlich: Wer es in der Hand hat, was andere tun, kann deren Kräfte und Fähigkeiten zu seinem eigenen Nutzen einsetzen. Wie aber lässt sich diese eigentlich unsichtbare Eigenschaft eines Menschen sichtbar machen? Am besten natürlich durch weithin sichtbare Zeugnisse für den erfolgreichen Einsatz derartiger Macht.

Die Maya, die ihre einstige Kreativität in Sachen Signaldesign ja schon durch die Praxis des rituellen Blutlassens unter Beweis stellten, hatten auch für diesen Bereich eine äußerst effiziente Form der Mitteilung entwickelt — Mitteilungen, die für jeden wahrzunehmen waren und eindeutig klar machten, dass der, der hinter ihnen stand, über die Schaffenskraft einer großen Zahl von Menschen gebot. Die Maya-Herrscher ließen Monumente bauen, steinerne Zeugnisse ihrer Macht. Eine Untersuchung von Fraser D. Neiman listet 69 derartige scheinbar für die Ewigkeit geschaffene Hinterlassenschaften dieser seit über 1 000 Jahren verschwundenen Kultur auf.[32] Die Maya waren ausgezeichnete Kenner des Sternenhimmels und der Bewegungen von Sonne, Mond und Planeten. Zur großen Freude heutiger Forscher haben sie das Fertigstellungsdatum ihrer Monumente auf diesen vermerkt. Dank der Entschlüsselung des Kalendersystems steht deshalb heute fest, dass alle Bauten, mit denen sich Neiman beschäftigt, zwischen den Jahren 711 und 909 unserer Zeitrechnung vollendet wurden. Möglicherweise führten in der daran anschließenden Zeit steigende Niederschlagsmengen zu einer Bodenerosion, die in ihrer Konsequenz das Ende des geheimnisvollen Maya-Reiches mit sich brachte.

Auf die Frage, warum die Maya Monumente bauten, die sie inzwischen um mehr als ein Jahrtausend überdauert haben, muss man kurz etwas zur inneren Struktur dieses Reiches ausführen. Es handelte sich nämlich nicht, wie man aus der historischen Distanz vermuten könnte, um ein einheitliches politisches Gebilde. Man geht vielmehr davon aus, dass es ein Nebeneinander vieler, relativ kleiner Herrschaftsgebiete gab. Neiman kommt zu dem Schluss, dass diese im Schnitt einen Durchmesser von circa fünfzig Kilometern hatten.

Für die Herrscher dieser kleinen Reiche war es von großer Bedeutung, ihren Nachbarn, aber auch Besuchern, die von weiter her kamen, ihre Macht möglichst eindrucksvoll zu demonstrieren. Nur auf diese Weise konnten sie sicherstellen, dass eventuellen Begehrlichkeiten anderer Potentaten eine gewissermaßen psychologische Abwehr gegenüberstand. Das Mittel zum Zweck waren in diesem Fall steinerne Monumente.

Dass es sich bei ihnen um sichere und zuverlässige Signale handelt, liegt auf der Hand. Nur jemand, der tatsächlich über eine große Menge an Arbeitskräften verfügen kann, ist in der Lage, ein derartiges Projekt in die Tat umzusetzen. Lügen sind unmöglich, da die steinerne Realität einen sehr genauen Rückschluss auf die ansonsten unsichtbare Größe Macht erlaubt. Wer zu wenig sozialen Einfluss hat, ist schlichtweg außerstande, ein wirklich imposantes Bauwerk errichten zu lassen.

Neiman fasst seine Überlegungen zur Lebenswelt der Maya wie folgt zusammen: »Es ist nicht schwer zu begreifen, warum die Selektion sowohl auf der Sender- als auch auf der Empfängerseite die Fähigkeit zur Kommunikation von Wettbewerbsfähigkeiten fördert. Wenn zwei Gruppen sich deutlich in ihrer Wettbewerbsfähigkeit unterscheiden, dann können beide mittels gelingender Kommunikation den Fitnesskosten entgehen, die bei einer Konfrontation unvermeidlich wären, deren Ausgang von Anfang an feststeht.«[33] Anschließend stellt er dar, dass ehrliche Signale für beide Seiten von Vorteil sind. »Sender sollten Signale senden, die verlässliche Auskunft über sie geben. Es macht nur wenig Sinn, Anstrengungen in eine Abschreckungsmaßnahme zu stecken, die von schwächeren Konkurrenten imitiert werden kann. Es ergibt sich somit ein kontinuierlicher selektiver Druck, in teure Signale zu investieren. Teure Signale, die zumindest ein wenig mehr kosten, als sich die Konkurrenten leisten können. Umgekehrt führen zu große Investitionen in derartig verschwenderische Signale dazu, dass man nichts mehr für sich und seine Kinder hat.«[34]

Genau wie im Tierreich ist der hier verwandten Handicap-Prinzip-Botschaft die Aufrichtigkeit quasi eingebaut. Man zeigt, was man hat und was man kann. Zeigt man davon zu wenig, dann ist es zum eigenen Nachteil. Übertreibt man die Zurschaustellung der Qualitäten, so wird die Überbeanspruchung der jeweiligen Ressourcen gleichfalls in massiven Nachteilen resultieren.

Neiman konnte aufzeigen, wie dieser Mechanismus der steingewordenen Botschaften für nicht offensichtliche Eigenschaften 200 Jahre lang die Kultur der Maya prägte. Die Monumente waren Mittel im Kampf um die politische Vorherrschaft, die im Verlauf vieler Generationen beständig und flächendeckend eingesetzt wurden. Sieht man sich die Standorte der Monumente auf einer Karte an und zieht die Jahreszahlen hinzu, so ergibt sich ein auffälliger Zusammenhang. Die ältesten Bauten stehen, bildlich gesprochen, in einem Korridor, der am Golf von Mexiko beginnt und sich von dort aus 700 Kilometer nach Nordwesten erstreckt. Bauwerke jüngeren Fertigstellungsdatums finden sich zu beiden Seiten dieses Korridors. Je weiter ein Standort von der imaginären Hauptachse der Bautätigkeiten entfernt ist, desto später sind die dortigen Aktivitäten anzusiedeln. Die Frage, warum sich das späte Schaffen der Maya zu den Rändern ihres Siedlungsgebietes verschob, beantwortet Neiman wie folgt: Es handelt sich um eine langsame, aber eindeutige Flucht. Nachdem die zentralen Regionen des Maya-Reiches aufgrund überstarker Nutzung unfruchtbar wurden, wichen Herrscher und Bevölkerung in noch intakte und wenig genutzte Gebiete aus. Da die Gesellschaft dieses mittelamerikanischen Volkes zwar auf diese Weise ihren geografischen Lebensschwerpunkt verschob, aber nicht ihre inneren Strukturen veränderte, setzten sich die politischen Kämpfe in der gleichen Weise wie bisher fort. So wurden neue Steinmonumente gebaut, um an neuen Orten unbezweifelbar die Macht ihrer Baumeister unter Beweis zu stellen. Wollte man die klassische Endung deutscher Märchen persiflieren, so könnte man an dieser Stelle schließen: Und wenn sie nicht gestorben wären, dann bauten sie noch heute.

Derartige Demonstrationen von Macht lassen sich freilich nicht nur in untergegangenen Kulturen finden. Diese Form des Herzeigens einer eigentlich unsichtbaren Qualität ist weit verbreitet. So auch bei den Rajput. Die Rajput sind eine Kaste von Landbesitzern in Mittel- und Nordindien. Wahrscheinlich sind sie die Nachfahren von Invasoren, die im fünften und sechsten Jahrhundert ins Land kamen. Damals schufen sie kleine Reiche auf den Ruinen des einstigen Gupta-Imperiums. Im Lebensstil der Rajput als Landbesitzer spiegeln sich noch heute die lang vergangenen Ereignisse, die sie einst als Eroberer ins Land brachten. Die einzige Tätigkeit, der sie nachgehen, ist es, unter ihnen Stehenden Arbeit zuzuweisen und deren Fortgang zu beaufsichtigen.

»Das Prestige der Rajput hängt im Wesentlichen vom Status ihres Clans, dem mit dem Besitz von Ländereien zusammenhängenden Wohlstand, der Unterhaltung eines großen Haushalts und den dort abgehaltenen extravaganten Zeremonien ab, die auf demonstrativem Konsum basieren.«[35] So beschreibt J. Hill in seiner Untersuchung *Prestige und reproduktiver Erfolg bei Menschen* einen Teil der sozialen Zusammenhänge bei den Rajput. Wenn man sich die einzelnen Punkte dieser Aufzählung vergegenwärtigt – Grundbesitz, Heimstatt und Lebensstil – wird klar, dass es eindeutig um die Demonstration von Macht geht. Bei einer Menschengruppe, deren existenzielles Fundament vor allem darin besteht, nicht selbst produktiv zu arbeiten, ist jeder diese Punkte ein eindeutiger Verweis auf die Verfügungsgewalt, die man über andere besitzt. Alles, was diese Menschen sich leisten, entstammt den arbeitenden Händen der Angehörigen anderer Kasten. Viel zu haben, über viel zu verfügen, das instand gehalten werden muss, und aufwendiger Konsum sind bildlich gesprochen wie Bruchstücke einer Linse, die als Ganzes dazu dient, das Augenmerk auf einen einzigen Punkt zu fokussieren: Macht.

Rüstungswettlauf

»In der Renaissance… war der beste Künstler beim mächtigsten Herrscher: Dürer war Hofmaler von Kaiser Maximilian; der zweitbeste, Cranach, war Hofmaler beim zweitmächtigsten, dem Kurfürsten von Sachsen; der drittbeste, Grünewald, war Hofmaler beim Drittmächtigsten, dem Fürstbischof von Mainz und Herzog von Brandenburg Albrecht; der viertbeste Künstler, Holbein, fand in Deutschland keinen adäquaten Platz. Er wurde Hofmaler des englischen Königs.« Wenngleich Kunsthistoriker vielleicht debattieren mögen, ob diese Interpretation Baumanns[36] in ihrer Rigidität wirklich zutrifft, wird eines nicht bezweifelt werden können, nämlich der historisch regelmäßig anzutreffende Zusammenhang zwischen Macht und der Pracht ihrer Insignien.[37] Man wollte und will wohl immer und überall repräsentieren, und dies kann angesichts einer steten Konkurrenz um die privilegierten Positionen einer Gesellschaft nur im Wettbewerb mit fälschungssicheren Signalen geschehen. Nur wer sich die besten Künstler leistet, dem glaubt man, dass er reich (oder mächtig, meistens aber beides zugleich) ist. Weil demonstrative Verschwendung in diesen Kontexten Wettbewerbstauglichkeit in Machtsystemen annonciert, setzt sie ganz automatisch eine Rüstungsspirale in Gang: Der Mächtigste muss immer etwas mehr in seine Statussignale investieren, also immer etwas mehr verschwenderische Schönheit produzieren lassen, als der Zweitmächtigste aufbieten kann.

Die Rangliste der Investitionen in Repräsentation entspricht direkt der Rangliste an Einfluss und Macht. Die Logik dieses Signalsystems funktioniert gleichermaßen, ob Einzelpersonen, Dynastien, Clans, Stämme, Parteien, Staaten, Kirchen oder Konzerne im Wettbewerb stehen. Schönes — nutzlos und teuer — entsteht folgerichtig umso wahrscheinlicher, je stärker die Konkurrenz ist. Kunsthistoriker sehen in der deutschen Kleinstaaterei mit ihrer hohen Dichte wetteifernder Oberhäupter den Grund, weshalb sich hier das Musikleben vielfältiger gestaltet hat als etwa im benachbarten zentralistischen Frankreich. Und die schönsten und teuersten Bankenhochhäuser werden dort gebaut, wo schon die der Konkurrenz stehen. Nur der Beweis von Macht über Menschen und Reichtum gibt als ehrliches Signal einem Machtanspruch öffentliche Anerkennung.

Wer als mehr erscheinen will, als er ist, wird unweigerlich in ökonomische Bedrängnis geraten, die seiner Umwelt nicht verborgen bleibt. Teure Botschaften an die Umwelt bringen es auf diese Weise ganz automatisch mit sich, dass Lügen unter derartigen Bedingungen kurze Beine haben und sich, was jeder Beobachter begrüßen wird, unausweichlich selbst enthüllen.

▶ Akzeptiere mich als Solidarpartner, denn sieh her: Ich bin moralisch gut

Hab Mut, sei gut

Die vorangegangenen Beispiele für das Wirken des Handicap-Prinzips waren eine große Schau von Gesundheit, Fitness und Macht. Wie aber verhält es sich mit den inneren Werten der Menschen — diesen nebulösen Eigenschaften, die immer wieder das Lippenbekenntnis provozieren, dass *sie* es doch seien, auf die es ankomme. Der im Zwischenmenschlichen wichtigste Teil dieser psychischen Melange ist die Moral des Individuums. Gerechtigkeitssinn, Fairness, Großzügigkeit und Hilfsbereitschaft sind die Formen, in denen sich diese nach außen absolut unsichtbare innere Beschaffenheit eines Menschen manifestieren kann.

Damit ist klar, warum es sich bei der Moral grundsätzlich um einen idealen Kandidaten für teure Botschaften gemäß dem Handicap-Prinzip handelt: Weil die moralische Integrität eines Menschen primär nicht sichtbar ist, ist gerade sie auf deutlich sichtbare Zeichen angewiesen. Im Bereich der physischen Fitness ist es möglich, von der Muskelmasse und Körperbeschaffenheit ungefähr auf die Kraft und das Leistungspotenzial zu schließen. Im Falle der Moral existiert ein derartiger Zusammenhang nicht. Zwar wurde im 19. Jahrhundert versucht, mittels Vermessen des menschlichen Schädels verborgene Qualitäten zu enthüllen. Aber dieser als Phrenologie in die Wissenschaftsgeschichte eingegangene Versuch, menschliche Größe, aber auch Niedertracht mit der Schieblehre zu ermitteln, scheiterte schmählich. Genauso vorgestrig ist die heute absurd klingende Vorstellung, dass die Besitzer großer Köpfe besser denken könnten als Menschen, deren Schädelinnenraum von geringerem Volumen ist.

Die sich dem Auge entziehende Beschaffenheit der Moralität macht es also unausweichlich, deren Vorhandensein und Ausprägung in indirekter Weise der Umwelt mitzuteilen. Der gute Mensch bedarf eindeutiger Botschaften, mit denen er sich in den Augen der anderen zweifelsfrei als solcher zu erkennen gibt.

Bevor wir uns jedoch den Botschaften in diesem Zusammenhang zuwenden, sei eine möglicherweise etwas ketzerische Zwischenfrage erlaubt: Warum ist es für einen Menschen überhaupt erstrebenswert, von aller Welt für gut gehalten zu werden? Schließlich geht es darum, sich im gesellschaftlichen Mit- und Gegeneinander durchzusetzen – ein Ziel, das nicht immer unbedingt mit einem selbstlosen Eintreten für Hilfsbedürftige und dem noblen Bemühen um Gerechtigkeit vereinbar scheint. Warum also moralisch gut sein wollen?

Der Grund hierfür wird klar, sobald man in Betracht zieht, dass man die großen Ziele im Leben, sei es privat oder beruflich, zumeist nicht allein erreichen kann. Ganz gleich, ob man eine Familie oder ein Unternehmen gründen will, man ist auf Partner angewiesen. In einem Aufsatz mit dem Titel *Menschlicher Altruismus als Werbemaßnahme*[38] bringt der Biologe Irwin Tessman den strategischen Wert von moralischem Verhalten in derartigen Situationen auf den Punkt. Es sind die Selbstlosigkeit, das (zumindest zeitweise) Zurückstellen eigener Ziele und Prioritäten, ja sogar die Inkaufnahme von Nachteilen, die hier als Kosten im Sinne des Handicap-Prinzips anfallen. Tessman schlägt vor, »selbstloses Verhalten als Werbemaßnahme zu betrachten. Diese bewirbt die vorhandenen Möglichkeiten und ehrlichen Absichten des Altruisten, ein verlässlicher Freund oder Partner zu sein.«[39] Anders formuliert könnte man sagen, dass die moralische Qualität des Verhaltens eines Menschen Auskunft darüber gibt, ob man ihm trauen kann. Von dieser grundlegenden Beurteilung durch Dritte wird es abhängen, inwieweit diese sich bei ihrer Projekt- oder Lebensplanung auf das fragliche Individuum einlassen.

Es lohnt sich also gut zu sein, auch wenn der Lohn dem persönlichen Einsatz nicht auf dem Fuße folgt. Ein gutes Beispiel für diese Erkenntnis lässt sich bei den Aché in Südamerika finden. Diese Jäger und Sammler, die ein 20 000 Quadratkilometer großes Gebiet in Paraguay bewohnen, waren bis in die Mitte der Siebzigerjahre des vergangenen Jahrhunderts ohne Kontakt zur Zivilisation. Auch wenn die Aché heute in Siedlungen untergebracht sind, so verbringen sie immer noch bis zu einem Drittel ihrer Zeit mit ausgedehnten Jagd- und Sammelstreifzügen. Genau wie bei anderen Völkern, die als Jäger und Sammler leben, ist es auch bei ihnen üblich, die eingebrachte Nahrung zu teilen. Dabei sind es hier nicht nur die Männer, die ihre erwirtschafteten Erträge teilweise weitergeben, sondern auch die Frauen.

Michael Gurven, ein Forscher an der anthropologischen Fakultät der Universität von New Mexico, und seine Kollegen verfolgten bei ihrer Untersuchung[40] das Ziel zu klären, warum manche der Aché beständig mehr abgeben als andere. Das bisherige Erklärungsmodell für derartiges Verhalten schien hier zu versagen. Gemäß der Theorie des reziproken Altruismus, die bisher in solchen Fällen zumeist bemüht wurde, handelt es sich um ein zeitversetztes Geben und Nehmen. Dies hätte bedeutet, dass die, die viel geben, auch viel bekommen. Weit gefehlt: Diejenigen, die stets als großzügige Geber auftraten, taugten aufgrund ihrer Produktivität nicht als Empfänger. Warum jemandem etwas geben, wenn dieser schon so viel hat, dass er die Überschüsse verteilt?

Aus der Perspektive des reziproken Altruismus hatten die Teilungsrituale ursprünglicher Gesellschaften den Charakter von Versicherungen: Das, was man an guten Tagen gibt, erhält man in Tagen der Not zurück. Die Ergebnisse von Gurven und seinen Kollegen machten jedoch deutlich, dass es sich um eine zumindest sehr merkwürdige Versicherung handelte. Wer wenig gab, bekam viel heraus, und wer viel gab, erhielt im Gegenzug wenig. Warum machen diejenigen, die viel in den gemeinsamen Topf geben, dieses Spiel überhaupt mit? Für sie lohnt es sich offensichtlich gar nicht. Oder doch?

An dieser Stelle kommt das moralische Verhalten ins Spiel. Jeden Akt des Teilens von Nahrung, der bei den Aché stattfindet, kann man als selbstlose Tat sehen. Dass sich das Weitergeben von Nahrung rein rechnerisch gerade für die, die viel geben, nicht lohnt, trifft voll und ganz zu. Gemäß dem Handicap-Prinzip steht aber zu erwarten, dass dieser Aufwand, dieses Teilen von Ressourcen, über die man eigentlich exklusiv verfügen könnte, sehr wohl einen Nutzen hat — wenn auch einen indirekten.

Bei der Analyse des Vorgehens der afrikanischen Hadza war ein derartiger Nutzen für den Nahrungsbeschaffer deutlich zutage getreten. Ein Jäger, der viele Tiere erlegt, macht unmissverständlich klar, dass er körperlich fit ist. Genau der gleiche psychologische Mechanismus mag auch im Fall der Aché greifen. Ihr Lebensraum unterscheidet sich aber von den Weiten Afrikas unter anderem dadurch, dass es kein vergleichbares Großwild gibt. Sahen sich die Hadza immer wieder Jagdbeute gegenüber, die aufgrund ihres Gewichtes von etlichen Zentnern praktisch nicht zu transportieren war, so ist das, was die Aché in der Fauna Südamerikas erlegen können, deutlich handlicher.

Damit mag es auch zusammenhängen, dass sich die Prozeduren, durch die das Fleisch zu den Mäulern gelangt, die es stopft, grundlegend unterscheiden. Der Jäger hatte bei den Hadza keinen Einfluss auf die Verteilung seiner Beute. Bei den Aché hingegen ist er es, der entscheidet, wem und wie viel er abgibt. Dementsprechend gibt bei den Aché die Jagd, der Jagderfolg und der sich anschließende Umgang mit der Nahrung über mehr Auskunft als nur die Fitness des Jägers.

Die durch Befragung konstatierte Tatsache, dass die Frauen der Aché sich mehr zu guten Jägern hingezogen fühlen[41], mag somit durch zwei Faktoren bedingt sein: zum einen durch deren Fähigkeit, viel Nahrung zu beschaffen, zum anderen durch den Beweis ihrer Verlässlichkeit in sozialen Beziehungen anhand des Teilens ihrer Beute.

Jemand, der viel gibt, sendet auf diese Weise ein unmissverständliches Signal an seine Umwelt: „Ich bin gut. Auf mich kannst du dich verlassen." Wenn man diese Botschaft dauerhaft und überzeugend propagiert, so ist der Effekt ein Gewinn an Prestige in den Augen der Mitmenschen. Aufgrund der Selbstlosigkeit, die man immer wieder zur Schau stellt, wird man geschätzt. Man wird zum attraktiven Sozialpartner. Michael Gurven und seinen Kollegen ist es auch gelungen, einen Zusammenhang aufzuzeigen, in dem es sich als eindeutig positiv erweist, ein guter Mensch zu sein. Die Überlegung, von der sie ausgingen, war: Was ist eigentlich mit den Aché, wenn sie krank sind? Bekommen alle darnieder liegenden

Jäger das Gleiche, unabhängig davon, wie sie sich vorher verhalten haben, oder gibt es Unterschiede? Um es kurz zu machen, es gibt Unterschiede, und es zahlt sich in dieser Notlage sehr wohl aus, wenn die Mitmenschen eine hohe Meinung von dem Kranken haben.

Gurven und sein Team haben ganz pragmatisch Buch darüber geführt, was wer an Nahrung produziert hat und wem er oder sie wie viel davon abgegeben hat. Dabei stellte sich heraus, dass man vier verschiedene Grundtypen nach Erfolg und Verhalten unterscheiden kann. Die Lichtgestalten dabei sind die so genannten philanthropischen Individuen. Diese produzieren eine große Menge an Nahrung und geben einen großen Teil davon an andere ab. Ihnen zur Seite stehen die Gutmütigen. Auch diese geben einen großen Teil dessen, was sie erwerben, ab. Sie sind jedoch nicht so effizient in der Nahrungsbeschaffung, was dazu führt, dass die Menge, die sie abgeben, deutlich kleiner ist als bei den Philanthropen. Diesen zwei Spendertypen steht das gierige Individuum gegenüber. Bei ihm handelt es sich um einen erfolgreichen Beschaffer von Fleisch und anderen Ressourcen, der jedoch nur einen kleinen Teil dessen, was er nach Hause bringt, weitergibt. Der verbleibende vierte Typ wurde von Gurven und Kollegen als „der, der es niemals richtig macht" charakterisiert. Gemäß den beiden Variablen, welche die verschiedenen Typen kennzeichnen, handelt es sich um diejenigen Individuen, die nur wenig an Nahrung erwirtschaften und von diesem Wenigen auch nur sehr wenig abzugeben bereit sind.

Grundsätzlich kann man also eine Unterscheidung treffen zwischen denen, die bereit sind zu teilen, und denen, die den weitgehenden Eigenverbrauch vorziehen. Nach moralischen Maßstäben sind selbstverständlich diejenigen, die großzügig teilen, ihren egoistischen Stammesgenossen weit überlegen. Sie sind die Guten: Menschen, die einen großen Teil ihrer Ressourcen dafür verwenden, es anderen besser gehen zu lassen.

Dass es sich bei diesem Verhalten nicht nur um eine eindrucksvolle und aufwendige Selbstbenachteiligung handelt, wird klar, wenn man die schlechten Tage der Philanthropen und Gutmütigen ins Auge fasst. Krankheiten und Verletzungen können dafür sorgen, dass selbst die Besten sich nicht jeden Tag um die Beschaffung der notwendigen Nahrung kümmern können. An diesen Tagen sind sie es, die auf die Gaben von Familie, Freunden und Nachbarn angewiesen sind. Und in der Tat werden sie, wie man es vermuten konnte, von diesen nicht enttäuscht. Wer viel gibt, dem wird auch viel gegeben, wenn er dessen bedarf.

Aber wie sich zeigte, ist es nicht nur die Menge früherer Gaben, die in den Köpfen haften bleibt, sondern vor allem die Großzügigkeit, mit der diese verteilt wurden. Dies wird dadurch belegt, »dass gierige Individuen zwar absolut mehr Nahrung abgaben als gutmütige, jedoch weniger Unterstützung von anderen erhielten, wenn für sie der Nahrungserwerb nicht möglich war«.[42] In den Augen der Beobachter handelte es sich hierbei um eine letztendlich faire Abrechnung damit, wie sich das jeweilige Individuum verhalten hat, wenn es an ihm war zu teilen.

Um moralisch gut zu sein, ist es somit nicht notwendig, große Überschüsse zu produzieren. Das Augenmerk in der Aché-Gesellschaft richtet sich vielmehr darauf, wie viel jemand von dem, was er hat, für sich behält. Wer anteilig von dem, was er hat, viel gibt, ist gut, wer viel behält, der nicht.

Die Frage an dieser Stelle ist, ob es sich, wenn man diese Situation eingehend betrachtet, wirklich lohnt gut zu sein. Wiegt das, was man an wenigen unpässlichen Tagen erhält, das kontinuierliche Verteilen der eigenen Errungenschaften auf? Hier tut eine etwas feinere Unterscheidung Not. In einem quantitativen Sinn stehen Geben und Nehmen nicht im Gleichgewicht. Qualitativ liegt ein derartiger Ausgleich aber nahe. Gerade in Zeiten von Krankheit, Verletzung und Rekonvaleszenz ist es besonders wichtig, reichlich gute Nahrung zu sich zu nehmen. Eine Mangelversorgung in einer solchen Phase höchster Bedürftigkeit kann zu langfristigen Schäden und nicht wieder gutzumachenden Gesundheitseinbußen führen.

Die Moral und das Gift

Ein weiterer Beleg für diesen sozialpsychologischen Mechanismus findet sich bei den !Kung in der Kalahariwüste Südafrikas. Die seltsame Schreibweise ist eine Referenz an den Lautgehalt ihrer Sprache. Anders als in den großen und weit verbreiteten Sprachen unserer Erde werden bei den !Kung nicht nur Vokale und Konsonanten benutzt, sondern auch Schnalzlaute. Das Ausrufezeichen am Anfang des Namens bezeichnet ein Schnalzen, mit dem die Aussprache dieses Wortes eröffnet wird. Der perkussive Laut, den die Zunge im Zusammenspiel mit dem Gaumendach bildet, soll also fließend in die Aussprache der Silbe Kung übergehen.

Aber dies nur am Rande. Im hier verfolgten Zusammenhang interessiert viel mehr, dass ein »Charakteristikum, das bei beiden Geschlechtern Anerkennung bringt, die Fähigkeit ist, Zank und Streitigkeiten zu vermeiden«.[43] Es werden also nicht nur Fitness und Macht geschätzt und gewertet, sondern auch die sozialen Qualitäten der Gruppenmitglieder. Die zentrale Komponente hierbei ist die moralische Einstellung, die letztendlich darüber entscheidet, ob sich ein Individuum rücksichtslos egoistisch verhält oder das Wohl anderer in seinen Entscheidungen und Handlungen berücksichtigt.

Dass eine pazifistische und deeskalierende Grundhaltung bei den !Kung besonders hoch gewertet wird, hängt möglicherweise mit ihrer Bewaffnung zusammen. Als Jäger verlassen sie sich auf Pfeil und Bogen. Sie vertrauen allerdings nicht nur auf deren mechanische Wirkung, sondern verfügen zusätzlich über ein Gift, das dazu geeignet ist, die Wirkung eines jeden Treffers zu potenzieren.[44] Entsprechend verheerend wäre es, wenn dieses sonst so nützliche Werkzeug zum Austragen von Auseinandersetzungen verwendet würde. Daher ist es verständlich, dass der Wille und die Fähigkeit, Zwistigkeiten friedlich auszutragen, in den Augen der !Kung besonders geeignet sind, das Prestige eines Stammesmitglieds zu heben.

Aber worin bestehen die Kosten dieses Signals der eigenen moralischen Integrität? Da wären zum einen die Mühen und die Anstrengung, die in solche Auseinandersetzungen investiert werden, und zum anderen die Kompromisse, mit denen man in einer großen Zahl von Fällen am Ende leben muss. Diese Übereinkünfte weichen zumeist von der für den Einzelnen optimalen Lösung ab. Die Differenz zwischen dem jeweils angestrebten Nutzenmaximum und der letztendlich praktizierten Vorgehensweise beinhaltet die Kosten eines friedlichen Verhaltens.

Für Beobachter derartiger Situationen ist die Botschaft umso deutlicher, je schwerwiegender der Streit ist. Wer es schafft, in einem Konflikt auf Worte statt auf Tätlichkeiten zu setzen, der ist als Sozialpartner viel interessanter als ein anderer, dem dies nicht gelingt. Bei diesem in seiner moralischen Grundhaltung auf friedliche Interaktion ausgerichteten Individuum kann man erwarten, dass es sich, wenn man mit ihm in eine ähnliche Situation kommt, in gleicher Weise verhält. Bei denkbaren kleineren oder größeren Divergenzen mit diesem Menschen kann man sich gewiss sein, sich keiner Gefahr für Leib und Leben auszusetzen — eine nicht unerhebliche Sicherheit, wenn man weiß, dass Giftpfeile stets zur Hand sind.

Es hängt also vom Prestige ab, das der Einzelne genießt, inwieweit ihm die Menschen aus seinem Umfeld in kritischen Situationen zur Seite stehen — einem Prestige, das nicht nur die Fitness und Macht eines Individuum widerspiegelt, sondern auch dessen moralische Integrität. Und dieser Zusammenhang von Prestige und Moral reflektiert einen langen Selektionsdruck der frühen Menschheitsgeschichte, die durch einen ständigen Wettbewerb zwischen autonomen Lebensgemeinschaften um ökologische Lebensvorteile geprägt war. Evolutionärer Ausfluss dieser Konkurrenz zwischen den Gruppen war eine gefestigte Binnenmoral, deren wesentlichste Funktion darin bestand, die Angehörigen einer Gruppe zu einer sozialen Allianz zusammenzubinden und sie auf ein „Wir-Gefühl" zu verpflichten.

5

Reden ist Silber, Zeigen ist Gold

Wie aber steht es um das Handicap-Prinzip, wenn man fremde, ferne und alte Kulturen außer Acht lässt und den Blick auf die westliche Moderne richtet? Wo sind die teuren Signale, die dem sozialen Umfeld die fälschungssicheren Botschaften vermitteln, wo sind die Handicaps in unserem ganz normalen Alltag?

Vielleicht handelt es sich dabei ja doch nur um ein von unseren tierlichen Vorfahren übernommenes Relikt, das sich im Zuge der Kulturgeschichte mehr und mehr verloren hat. Es wäre doch möglich, dass wir diesen Kommunikationsmodus nach und nach eingebüßt haben, so wie wir zum Beispiel heute nur noch spärliche Reste einer einstmals umfassenden Körperbehaarung aufweisen. Könnte es nicht so sein, dass der Handicap-Mechanismus nur noch in seltenen, atavistischen Fällen anzutreffen ist — wie die überzähligen Brustwarzen, die hin und wieder bei einigen wenigen Neugeborenen an den ursprünglichen Umfang der Säugetiermilchleiste erinnern?

Die Antwort auf diesen Verdacht der kulturellen Überwindung des Handicap-Prinzips durch den modernen Menschen des postindustriellen Informationszeitalters ist ein klares Nein. Teure Signale sind überall zu finden. Es ist lediglich ungewohnt, menschliches Verhalten durch die Brille des Handicap-Prinzips zu betrachten. Ganze Wissenschaften — Psychologie, Soziologie und auch die Ökonomie — setzen sich damit auseinander, wie Menschen im kleinen und im großen Maßstab miteinander umgehen. Da mutet es anfangs etwas seltsam an, dass die Aufrichtigkeit von Botschaften so eng an deren Kosten gekoppelt sein soll, ohne dass die Regelhaftigkeit dieses Zusammenhangs bis jetzt größere Beachtung gefunden hat. Dennoch gibt es derartige Zusammenhänge auch in modernen Gesellschaften.

▶ Dumme Jungs wissen's

Betrachten Sie die folgende, vollkommen triviale Situation: Es ist morgens kurz nach sieben, und die Schüler einer Grundschule warten auf den Bus. Gleich einer unregelmäßig geformten Traube stehen die Kleinen in Grüppchen an der Bushaltestelle. Die meisten halten einen angemessenen Abstand zur Straße, auf der der morgendliche Berufsverkehr vorbeirauscht. Nur ein paar wagen sich weiter vor, lassen die Spitzen ihrer Schuhe über den Bordstein ragen und testen ihr Gleichgewicht auf diesem schmalen Grat. Kein vernünftiges Wesen, das darum weiß, dass sich in nächster Nähe schwere Gefährte mit erschreckend hoher kinetischer Energie vorbeibewegen, sollte sich so verhalten.

Auf und an Straßen spielt man nicht! Diese eherne (und sehr plausible) Regel geben Eltern ihren Sprösslingen in weiser Voraussicht solcher Situationen mit. Doch wie man nur allzu oft sehen kann, fruchtet sie nicht immer. Wer meint, dass so junge Menschen noch nicht in der Lage seien, die Tragweite ihres offensichtlichen Fehlverhaltens zu begreifen, hat nur bedingt Recht. Was ein Kind in dieser Situation vom Erwachsenen unterscheidet, ist seine mangelnde Erfahrung, sein eingeschränktes Gesichtsfeld und seine geringe Körpergröße. Das Bewusstsein von der Gefährlichkeit des Straßenverkehrs ist sehr wohl vorhanden. Auch handelt es sich hier — anders als bei einem Kind, das seinem Ball hinterherläuft — nicht um eine Kurzschlusshandlung, sondern um einen aktiv herbeigeführten Aufenthalt in einem Gefahrenbereich. Aber warum?

Was als offensichtliche Torheit nach erzieherischer Korrektur verlangt, ist ein Signal — wenn auch ein vollkommen unvernünftiges, wie man aus der Sicht eines der Kindermentalität entwachsenen Erziehungsberechtigten sagen wird. Es ist eine teure Botschaft, und sie lautet: „Ich bin fit und mutig, und zwar so fit und mutig, dass ich es mir leisten kann, diese Gefahr einzugehen." Eine absolut stimmige Logik, die sich nicht nur bei Kindern in den ersten Schuljahren findet. Man denke nur an Motorradfahrer ohne Helm oder aberwitzige Freeclimber — allesamt volljährig und nicht mehr schulpflichtig.

Aber was, so fragt man sich zwangsläufig, soll diese Fitnessbotschaft innerhalb eines müden und lärmenden Haufens von Schulkindern bezwecken? Betrachtet man das Prinzipielle, dann muss man sagen: dasselbe wie das Speerfischen des Südseeinsulaners. Es geht darum, im Kreis der Gleichgesinnten Prestige zu erwerben und sich so als Sozialpartner interessant zu machen. Dieser fluide Kitt der menschlichen Gesellschaft tritt nicht erst mit der Pubertät oder Volljährigkeit in Erscheinung, sondern durchdringt das Miteinander bereits von frühester Jugend an. Was das auf dem Bordstein balancierende Kind sich vage erhofft, ist, dass die anderen seinen souveränen Umgang mit der Gefahr wahrnehmen. Wegen seines Mutes sollen die anderen es mehr achten als die, die ruhig und sicher in einer der hinteren Reihen auf den Bus warten.

Bei derartigen Analysen sollte man sich darüber im Klaren sein, dass der Handicap-Ansatz in erster Linie nicht deutlich macht, was im Bewusstsein von Menschen vor sich geht, sondern dass er evolutionär entstandene Strategien aufzeigt. Teure Signale für Botschaften zu verwenden, an deren Glaubwürdigkeit uns liegt, ist kein mentales Werkzeug wie die erlernte Fähigkeit des Kopfrechnens. Dass man kostspieligen Botschaften trauen kann, ist vielmehr eine stammesgeschichtlich bewährte Arbeitshypothese unseres Geistes: „Trau dem, der es sich was kosten lässt. Wer geizt, hat entweder nichts zu bieten oder kein Interesse an Deiner Meinung über sich. Es gibt also keinen besonderen Grund, ihn weiter zu beachten."

Thorstein Veblen hat in seinem Buch über die feinen Leute eine Fülle von einschlägigen Beispielen zusammengetragen, die jedoch aufgrund ihres Alters auf uns heute so frisch wirken wie eine Dose Kondensmilch aus der Wirtschaftswunderzeit. Wir wollen im Folgenden den Versuch unternehmen, neue Beispiele für die Omnipräsenz des Handicap-Prinzips zusammenzutragen. Darunter werden sowohl Vorkommnisse sein, die fast jeder kennt, als auch mehr oder weniger sonderbare Varianten, denen die wenigsten in ihrem Leben je begegnen werden.

Auch wenn sich dieses Verhaltensmuster in der Jetztzeit in einer schier unüberblickbaren Vielfalt präsentiert, hat sich im Vergleich zum Leben der Urvölker substanziell nichts geändert. Nach wie vor wird grundsätzlich nur für drei Dinge geworben: Fitness, Macht und moralische Integrität. Auch das Ziel dieses Werbens ist dasselbe geblieben: die Steigerung des eigenen Prestiges — nicht als Selbstzweck, sondern als Basis für sexuelle und soziale Vorteile in der Zukunft. Seit der Steinzeit nichts Neues in Sachen Handicap-

Prinzip — so unsere anthropologische Verallgemeinerung, die wir im Folgenden mit einer lockeren Reihe von Beispielen zu belegen versuchen.

▶ Kleider machen Leute

In ihrem sehr interessanten und kurzweiligen Ratgeber zum Selbstmarketing empfiehlt die Autorin Sabine Asgodom zum Thema Bekleidung das Folgende: »Achten Sie auf hochwertige Qualität. Qualitativ hochwertige Stoffe sehen immer edler, also erfolgreicher, kompetenter und mächtiger aus als billigere.«[1] Kurz gefasst, kaufen Sie etwas aus dem gehobenen Preissegment, wenn Sie Eindruck machen wollen. Hier geht es nicht um eine bestimmte Situation, sondern um den grundlegenden Schlachtplan dafür, wie man bei anderen besser ankommt, um Erfolg zu haben — ein absolut legitimer Wunsch. Und siehe da, es kommt eben nicht nur auf die inneren Werte an. Es liegt auch an der Art der Kleidung und darüber hinaus daran, wie teuer diese war. Denn sichtbar hohe Qualität ist in diesem Fall eng an den Preis gebunden. Das Handicap, um das es also hier geht, ist der Anschaffungspreis der Kleidung. Die dazugehörige Botschaft lautet: „Sieh, ich bin so gut, dass ich es mir leisten kann, mich so teuer einzukleiden, deshalb verdiene ich Prestige."

An dieser Stelle sei angemerkt, dass die Botschaften, die in unserer heutigen Welt ausgesandt werden, zumeist nicht an alle unsere Mitmenschen adressiert sind. Auch ergibt ein und dieselbe Botschaft nicht in allen Kontexten denselben Sinn. Ein Mensch, der sich in einem 2500-Euro-Maßanzug der Pflege seines Schrebergartens widmet, wird dadurch nicht zum herausragenden Sozialpartner: Er wird schlicht für verrückt gehalten. Und der Grund dafür scheint klar: Gartenarbeit hat den Makel produktiver Arbeit. Wer Möhren zieht, Kopfsalat gießt und Kartoffeln rodet, steht im Verdacht, Erträge — und seien es auch nur bescheidene — zu erwirtschaften oder gar unter ökonomischem Druck erwirtschaften zu müssen. Das konterkariert jedoch die Botschaft des Maßanzugs.

Weil unser ererbter Alltagsverstand diesen Widerspruch nicht auflösen kann, bleibt für den schicken Gärtner nur die Diagnose des
exzentrischen Sonderlings.

Durch die Diversität und kulturelle Parzellierung unserer Gesellschaft verfügt auch nicht jeder über die Kompetenz, jegliche
Botschaft wirklich wahrzunehmen und zu verstehen. In seiner So-
zialreportage *Ganz unten* gibt Günther Wallraff ein viel sagendes
Beispiel für das Problem der Verständlichkeit derartiger Mitteilungen.[2] Einer der Männer, Karl, der — wie Wallraff selbst — für einen
kriminellen Menschenausbeuter arbeitet, erscheint zu einer abend-
lichen Besprechung im Anzug. Später sagt er zu Wallraff, den er
für den Türken Ali hält, dass der Boss ja ganz schön gestaunt habe,
als er gesehen habe, dass er den gleichen Anzug wie dieser trage.
Natürlich trug Karl nicht den gleichen Anzug wie sein Chef. Karl
war aber nicht in der Lage, den für geschulte Augen eindeutigen
Unterschied zwischen seinem Billiganzug und der Maßkonfektion
seines Ausbeuters zu erkennen. Wallraff, der sehr wohl zwischen
der Edel- und der Stangenware unterscheiden konnte, beschreibt
diese Begebenheit mit der melancholischen Rührung eines Erwachsenen, der einem Kind zusieht, das meint, einen Schatz gefunden
zu haben, obwohl es sich nur um wertlosen Plunder handelt.

Ähnlich verhält es sich mit der so viel gescholtenen Sucht heutiger Jugendlicher nach Markenkleidung. Es geht längst nicht mehr
darum, wie es die Bibel verlangt, die eigene Blöße zu bedecken.
Nicht die Blicke und Kälte abhaltende Funktion der Kleidung steht
im Vordergrund, sondern ihre Tauglichkeit als eindeutiges Signal.
Nur wer diesen Zusammenhang versteht, kann nachvollziehen,
warum es derartig existenzielle Bedeutung annehmen kann, eine
Hose, eine Jacke oder ein Hemd einer bestimmten Marke zu besitzen. Die Marke signalisiert: „Ich stelle mich dem Wettbewerb um
Prestige. Ich kann mithalten. Ich bin der Mensch, mit dem ihr eure
Zeit verbringen wollt, und keiner von den Losern, die sich so etwas
nicht leisten können."

Wie groß das Handicap ist, das man mit Kleidung, die *in* ist,
auf sich nimmt, kann man beim Preisvergleich ermessen. Wer
nicht das nötige Kleingeld hat, dessen Chancen stehen schlecht,

in den Kreis der Hippen und Coolen aufgenommen zu werden. Das bei manchen Zeitgenossen schier unstillbare Verlangen nach Markenklamotten wird häufig gerade dort nicht verstanden, wo an sich genug Geld für solche Prestigeobjekte vorhanden wäre. Ein — sagen wir — mit A15 besoldeter Lebenszeitbeamter in geregelten Verhältnissen wird in der Regel mit Kopfschütteln reagieren, wenn er junge Männer oder Frauen beobachtet, die aufgrund ihrer unsicheren und unterdurchschnittlichen Einkommenslage eigentlich haushalten sollten, stattdessen aber knappes Geld für „Unnützes" ausgeben. Für den Besserverdienenden hat die teure Markenjeans, gerade weil sie leicht erschwinglich ist, ihren Wert verloren. Weshalb teuer eine Hose kaufen, mit der man unter seinesgleichen keinen Staat machen kann? Weil sie sich jeder leisten könnte, verliert die Hose hier ihren Signalwert und wird auf die Dimension ihrer Nützlichkeit zurückgeworfen. Dies gilt hingegen nicht für die Käufer entsprechender Textilien: Hier fehlen die möglicherweise in Jeans investierten Hunderter schmerzlich in der Haushaltskasse, und deshalb behält die Jeans ihren Signalcharakter — aber eben nur so lange, wie die Kosten für die Ware ein echtes Problem darstellen. Unsere Gesellschaft ist vielfältig gegliedert, und entsprechend vielfältig sind die Kosten-Nutzen-Bilanzen für Signale. Missverständnisse bleiben da nicht aus.

Eine ganz andere Formulierung des Prinzips der teuren und deshalb aufrichtigen Signale mithilfe von Kleidung findet man beim Punk. Diese Bewegung entstand im England der ausgehenden Siebzigerjahre mit den Sex Pistols als ideellen und musikalischen Vorreitern. Schockierende Frisuren, grelle Farben und Muster, zerrissene Kleidungsstücke und Accessoires wie Hundeshalsbänder einten die Minderheit, die sich zu den Ideen des Punk bekannte. Es handelt sich hier nicht um exorbitante Ausgaben für Couture und Styling und doch um eindeutig teure Signale. Die Kosten sind sozialer Art. Die Optik des Punks grenzt ihn von seinen gutbürgerlichen Zeitgenossen ab, zieht einen Graben zwischen ihm oder ihr und anders gekleideten Menschen. Aus diesem sichtbaren Unterschied erwächst ein nicht unerheblicher Teil des Selbstwertgefühls und des Bewusstseins der eigenen Identität.

Doch auch Identität gibt es nicht umsonst. Stellen Sie sich nur kurz die Frage, wem Sie eher ihr Portemonnaie einschließlich Kreditkarte überlassen würden: einem jungen Menschen, der es offensichtlich darauf anlegt, eine ganze Reihe von Regeln des menschlichen Miteinander zu brechen, oder einem Gleichaltrigen, der mit gutem Haarschnitt in üblicher Straßenkleidung daherkommt. Wenn Sie jetzt antworten, dass es für Sie in diesem Fall keine Präferenz gibt, dann zeugt dies von einer wirklich erstaunlichen Vorurteilslosigkeit. Der größte Teil der Menschen in den westlichen Industrieländern würde sich in einer solchen Situation für denjenigen entscheiden, der ihrer Vorstellung von Normalität am nächsten kommt. Und das wird, mit nur wenigen Ausnahmen, nicht der Punk sein. Dass der Punk diese Kosten in Kauf nimmt, ist ein ehrliches Signal, das seine individualistische Weltanschauung sichtbar macht.

Und was ist der Nutzen dieses Signals? Soziale Ausgrenzung ist ja nichts Positives. Das eigentliche Ziel ist es, ein Punk unter Punks zu sein. Was man dazu braucht, ist die Anerkennung der Gleichgesinnten. Da aber Gedanken, so rebellisch und revolutionär sie auch immer sein mögen, unsichtbar sind, ist Kleidung hier das angemessene Mittel, um eindeutig und weithin sichtbar Stellung zu beziehen: „Seht her, ich bin ein Bruder (oder eine Schwester) im Geiste. Nie würde jemand die sozialen Kosten eines derartigen Outfits auf sich nehmen, wenn er nicht die Seele eines Punks hätte. Ich gehöre zu euch. Auf mich könnt ihr zählen, und ich zähle auf euch!"

► Deckung hoch

Auch im Bereich des Sports lassen sich Handicap-Prinzip-Botschaften ausmachen. Ein besonders gut nachvollziehbares Beispiel findet sich im Boxsport, einer menschlichen Aktivität, die nicht dafür gerühmt wird, langfristig positive Auswirkungen auf die Gesundheit zu haben. Was nutzt es schon, einen Körper wie Sylvester Stallone als Rocky zu haben, wenn sich die graue Masse im Kopf durch wiederholte Schlageinwirkung stark beschleunigt in

Richtung Greisentum bewegt? Aber gerade aufgrund der zentralen Bedeutung des Kopfes lässt sich in Boxkämpfen mitunter eine mustergültige Ausprägung teurer Signale beobachten.

Normalerweise halten Boxer ihre in Handschuhe verpackten Fäuste so vor den Körper, dass sie zum einen Schläge austeilen und zum anderen den Kopf schützen können: die so genannte Deckung. Diese Deckung ist deshalb so ungemein wichtig, weil jeder Kämpfer davon ausgehen kann, dass sein Gegner den Kampf am liebsten beenden will, indem er ihn auf die Bretter schickt. Ein einziger adäquat platzierter Treffer am Hirn- oder Gesichtsschädel kann hierfür ausreichen. Wer seinen Gegner zu fürchten hat, sollte besser die Deckung hochhalten.

Wer dagegen seine Deckung sinken lässt und so den Schutzwall zwischen den gegnerischen Fäusten und seinem Kopf eliminiert, ist entweder existenzbedrohlich dumm oder zeigt, dass er sein Gegenüber nicht fürchtet, weil er selbst einfach besser ist. Muhamad Ali, heute ein von der Schüttellähmung Parkinson gezeichnetes gesundheitliches Wrack, beherrschte dies in seinen frühen Zeiten meisterlich. Er ließ in der Schlagdistanz seines Gegners die Fäuste locker zur Seite hängen und wich dessen Attacken durch Pendelbewegungen des Oberkörpers aus. Die fast schon schreiende Botschaft dieses Verhaltens war: „Du bist so schlecht, dass du mich noch nicht mal triffst, wenn ich keine Deckung habe. Gib's auf." Und diese Demonstration einer fast maßlosen Überlegenheit kam nicht nur beim Gegner an, sondern war für jeden Zuschauer unübersehbar.

Natürlich kann auf diese Weise kein Kampf entschieden werden. Kein Boxer kollabiert angesichts der fehlenden Deckung seines Gegenübers. Auf der anderen Seite kann aber auch kein Boxer einen Fight gewinnen, bei dem er noch nicht einmal in der Lage ist, seinen schutzlosen Kontrahenten mit der Faust zu treffen. Genau betrachtet handelt es sich also um psychologische Kriegsführung im Boxring. So wie Motivationstrainer sagen, dass Siege und Niederlagen im Kopf beginnen, hat Ali seinen Gegnern zuerst die Unmöglichkeit ihres Sieges vorgeführt und seinen dann darauf aufgebaut.

Warum diese Spielchen? Wenn dieser Mann um so vieles besser war als die anderen, die mit ihm in den Ring stiegen, warum hat er dann die Sache nicht schnell zu Ende gebracht? Weil es darum geht, die eigene Überlegenheit vorzuführen. Ein K.-o.-Schlag ist der Beweis dafür, dass man besser ist. Ein ohnmächtig mit den Fäusten die Luft malträtierender Gegner belegt jedoch, dass man *um Welten* besser ist.

Eine andere Sportart, die sich dazu eignet, das Handicap-Prinzip in Aktion zu beobachten, ist Golf. Immerhin wird hier ausdrücklich vom Handicap eines Spielers gesprochen: Je besser man ist, desto geringer das persönliche Handicap. Im Grunde wiederholt sich in dieser Konvention die Einsicht der Zahavis: Je besser man ist, desto relativ billiger wird das teure Signal und desto geringer damit das persönliche Handicap. Technisch ausgedrückt ist es die Zahl, die man erhält, wenn man von der Anzahl der Schläge, die man für den 18-Loch-Kurs benötigt hat, den Platzstandard abzieht.

Das in unserem Sinne echte Handicap beim Golf ist jedoch finanzieller Natur — nämlich die Mitgliedsbeiträge der Clubs. Womit sich erneut zeigt, dass im Falle des Menschen die zu kommunizierenden Qualitäten sich nicht nur auf körperliche, sondern auch auf monetäre Leistungsfähigkeit beziehen können. Einem Club anzugehören, dessen Mitgliedschaft mit erheblichen finanziellen Aufwendungen verbunden ist, weist einen als Menschen aus, der über die notwendigen Ressourcen verfügt. In etwas ironischer Manier wird dieses Faktum von der zeitweise kursierenden Beschreibung so wiedergegeben, dass die Menschen, die früher in den Tennisclubs waren, heute in den Golfclubs sind, weil die Menschen, die früher in den Fußballvereinen waren, heute alle in den Tennisclubs sind. Es handelt sich also gewissermaßen um eine Sozialmigration von einer Sportdisziplin zur anderen. Und dabei dürfte es nicht nur um die Pflege der eigenen Physis gehen, sondern auch und sogar vorrangig um Prestige.

Am genialsten hat es vermutlich der Komiker Groucho Marx auf den Punkt gebracht: »Ich möchte nie einem Club angehören, der jemanden wie mich aufnehmen würde.« Diese scheinbar paradoxe Formulierung trifft die Sache im Kern. Das Bestreben der Menschen geht dahin, sich so gut wie irgend möglich zu präsentieren. Und so ist es nur allzu verständlich, wenn jemand, der etwas Besseres sein will, nicht die Gesellschaft derer sucht, die ihm gleichen, sondern Anschluss an jene, die so sind, wie er gern wäre. Das Bonmot von Groucho Marx bringt Realität und Anspruch zu einer grotesken Kollision — einer sehr sympathischen Kollision, da der Mensch, um den es da geht, zwar hohe und höchste Erwartungen hegt, im tiefsten Inneren jedoch um die Unzulänglichkeiten der eigenen Person weiß.

▶ Lasst Dinge sprechen

Blumen sprechen lassen kann jeder. Wie aber ist es mit einem Ferrari, einem Mont-Blanc-Füller, einer Rolex oder Schmuck von Chanel? Auch diese Dinge sprechen, und sie halten sich auch länger als Blumen. Solche Luxusobjekte erwirbt man nicht wegen ihrer unschlagbaren Nützlichkeit, sie tun das, was andere Dinge auch tun, aber eben teurer. So zeigen Edelchronometer die gleiche Zeit an wie Uhren von der Tankstelle. Sie zeigen aber auch, dass ihre Träger es nicht nötig haben, sich auf ein Stück Massenware zu verlassen, das vielleicht nur ein Tausendstel des von ihnen entrichteten Preises kostet. Der finanzielle Mehraufwand verpufft jedoch nicht einfach, sondern trägt seine Früchte jenseits der bloßen Objektebene.

Wer sich mit Luxus umgibt, demonstriert, dass er sich diesen leisten kann. Noble und nur in kleinen Stückzahlen oder sogar nur als Unikate zu erhaltende Dinge stehen hier erneut als Indikatoren für das, was man einem Menschen nicht ansehen kann: die Ressourcen, über die er verfügt, und den ökonomischen Erfolg, mit dem er sein Leben meistert.

Die genaue Bedeutung eines teuren Signals mag dabei zwischen unterschiedlichen Sozialgruppen variieren; auch kann sie sich im Laufe der Zeit wandeln. Ein gutes Beispiel für derartige Signalveränderungen sind die Bilder von Managern in Wirtschaftsmagazinen. Dabei geht es nicht um Darstellungen in Passbildgröße, sondern um Portraits, für die ein mitunter erheblicher Aufwand getrieben wird. Im Hintergrund sah man einst imposante Industrieanlagen und Gebäudekomplexe, die sich jenseits der Köpfe der Manager erstreckten. Heute lassen sich viele Führungskräfte vor moderner Kunst ablichten.[3] Das Phänomen besteht nicht darin, dass es keine als Hintergrund taugliche Bauwerke mehr gäbe oder dass Gemälde prinzipiell geeigneter wären, ein Gesicht zu konturieren. Auch geht es nicht darum, dass sich Menschen in Schlüsselpositionen der Wirtschaft als Feingeister outen wollten. Der Grund für diesen Wandel in der visuellen Komposition von Managerportraits liegt vielmehr darin, dass auf diese Weise Leistungsfähigkeit demonstriert werden kann.

Während die älteren Darstellungen der schlichten Logik „Das bin ich und das ist unser tolles Werk" folgten, gehen die neueren Inszenierungen von Führungskraft und -dynamik einen indirekten Weg. Die Kunst im Rücken besagt nicht nur, dass man sich so etwas leisten kann, sondern vor allem, dass man zur geistigen Avantgarde gehört. Man ist so gut, leistungsfähig, innovativ und effizient, dass man nicht von seiner Arbeit aufgefressen wird, sondern sich den Sinn für so Zweckfreies wie moderne Kunst bewahrt hat. Auf diesem anspruchsvollen und sich schnell entwickelnden Gebiet kann sich nur derjenige auskennen, dessen Tatkraft und geistige Dynamik ihm im Rahmen seines Arbeitslebens zu maximalem Erfolg verhilft. So die Botschaft der scheinbar so kunstsinnig daherkommenden Managerportraits. Ziel dieser Strategie ist es, den gezeigten Menschen und die mit ihm zusammenhängende Firma als potenten und vertrauenswürdigen Geschäfts- und Kooperationspartner zu präsentieren.

Warum aber keine alten Meister? Warum muss es neue, moderne Kunst sein? Die Antwort ist einfach: Weil moderne Kunst signalisiert, dass sich im Kopf desjenigen, der sie angeschafft hat, viel bewegt. Ein Rubens, Renoir oder auch ein Turner würde lediglich davon zeugen, dass man es — ästhetisch gesehen — mit einem Herdentier zu tun hat. Geld ja, wäre das Urteil des Betrachters, Dynamik und innovatives Potenzial wohl weniger.

Nichts ist besser geeignet, dem Umfeld oder auch der ganzen Welt die eigene Stärke vorzuführen, als eine wohlbedachte Aktion gemäß dem Handicap-Prinzip. Sowohl die Wirtschaft als auch die Politik sind Betätigungsfelder, in denen solche Signale akribisch registriert und ausgewertet werden.

Einen wunderschönen Beleg für die universelle Gültigkeit teurer Signale bietet das Erscheinen des vierten Harry-Potter-Bandes. Der Internetbuchhändler Amazon hatte sich dazu entschlossen, jedem Besteller in den Vereinigten Staaten dieses Buch noch am Tag des Erscheinens per Express zuzusenden — ohne jegliche Mehrkosten. Rein buchhalterisch handelte es sich hierbei um eine vollkommen unsinnige Aktion. Die Kosten der Firma lagen durch den teuren Schnellversand weit über den Einnahmen. Jeder zusätzliche Besteller bedeutete einen realen Verlust.

Warum macht ein Unternehmen so etwas? Eine alte Weisheit unter Handelstreibenden lautet: „Wir alle leben vom Verkaufen." Derjenige, der diese Worte formulierte, fand es unnötig darauf hinzuweisen, dass man vor allem davon lebt, Dinge für mehr Geld zu verkaufen, als sie einen kosten. Aber genau dies tat Amazon nicht. Was wie ökonomischer Selbstmord aussieht, sollte aller Welt die Potenz des Unternehmens und des hinter ihm stehenden Konzeptes eindringlich vor Augen zu führen. Dieses Ziel, sich als kraftvolles Wirtschaftsunternehmen zu präsentieren, lässt sich ironischerweise durch Transaktionen, die sich rechnen, viel schlechter erreichen.

Friedrich der Große folgte einst der gleichen Logik. Auch er hatte finanzielle Verluste wegzustecken: Der Siebenjährige Krieg ging an die Substanz Preußens. Der Staat stand kurz vor der Pleite. Anstatt aber in den Fauteuils von Sanssouci von leeren Kassen oder einem zeitgenössischen höfischen Äquivalent zu sprechen, tat der kluge Mann, was das Handicap-Prinzip in solchen Fällen vorsieht. Er lieferte den Beweis, dass die Kriegslasten den Staat ökonomisch nicht in die Knie gezwungen hatten. Das unmittelbar nach Kriegsende gebaute Neue Palais in Potsdam ist die materielle Gestalt dieses Beweises.[4] Der Bau hat Unsummen verschlungen, und die Botschaft an Maria Theresia und alle anderen, die es wis sen wollten, war klar: Preußen ist trotz aller Kriegsbelastungen nach wie vor stark. Statt mit Häme und Spott konnte Friedrich II. mit Anerkennung rechnen. Reden ist manchmal nicht einmal Silber, sondern nur Blech, Zeigen aber ist Gold.

▶ Saddams Blut

Auch in der Sphäre des Politischen gilt es immer wieder, teuer und somit glaubhaft Qualitäten unter Beweis zu stellen — seien es nun die eines einzelnen Protagonisten oder die eines politischen Gebildes.

Den martialischsten Beleg individueller Tatkraft und Leistungsfähigkeit hat in jüngster Zeit der irakische Herrscher Saddam Hussein präsentiert. Immer noch im Zeichen des Anfang der Neunzigerjahre verlorenen Golfkriegs ließ er außerhalb Bagdads die monumentale Moschee Umm El-Mahare (übersetzt: „Mutter aller Schlachten") bauen. Von den baulichen Eigenwilligkeiten — Minarette in Form von Scud-Raketen oder Maschinengewehrrohren — soll hier abgesehen werden. Es geht vielmehr um den Koran, der sich im Inneren des Gebäudes in einem Glasschrein befindet. Dieses Exemplar des heiligen Buches der Moslems wurde angeblich mit dem Blut Saddam Husseins geschrieben. Im Laufe von drei Jahren soll dieser 28 Liter Blut gespendet haben, das mittels einer chemischen Behandlung zu Tinte aufbereitet wurde.[5] Es sei hier angemerkt, dass es durchaus Zweifel an dieser offiziellen Darstellung gibt.

Für unsere Betrachtungen ist es jedoch unerheblich, wessen Blutspur sich dort im Nahen Osten von Seite zu Seite zieht. Die offizielle Erklärung zeigt, dass hier ganz bewusst auf die Aussagekraft einer teuren Botschaft gesetzt wird. Man fühlt sich an das öffentliche Aderlassen der Maya erinnert. Und auch hier geht es darum, sich selbst als vitalen, kraftvollen und deshalb vertrauenswürdigen Sozialpartner darzustellen. Saddam Hussein will auf diese Weise seinen Führungsanspruch aufrechterhalten und jegliche Zweifel an seiner Souveränität zerstreuen.

Deutsche Blutspendeeinrichtungen lassen willige Blutspender mit maximal zweieinhalb Litern pro Jahr zur Ader. Männern werden höchstens alle zehn Wochen 450 Milliliter abgezapft; bei Frauen sollte der Zeitabstand sogar etwas größer sein. Mehr sollte es nicht sein, damit der Körper nicht zu sehr geschwächt wird. Und öfter sollte man auch nicht spenden, damit genügend Zeit zur Regeneration bleibt. Jemand, der es verträgt, im Jahr mehr als neun Liter abzugeben — um so viel handelt es sich bei Saddam Hussein — muss über eine eindruckvolle Physis verfügen — eine Botschaft, die in einem Land, das international isoliert ist und unter Handelssanktionen leidet, auf offene Ohren stößt. Die Menschen hoffen, von einer derart kraftstrotzenden Führergestalt in bessere Zeiten geführt zu werden. Saddam Hussein erwartet, sich durch diesen Akt als Staatsoberhaupt zu präsentieren, zu dem es keine Alternative gibt. Das ist die wahre Botschaft, die von den über 600 Koranseiten in der Umm-El-Mahare-Moschee ausgeht.

▶ Machtmarsch

Teure Botschaften können der Umwelt — wie bereits ausgeführt — nicht nur Fitness und Leistungsfähigkeit vermitteln, sondern auch Macht. Auch dabei werden wieder die verschiedensten Formen von Signalen verwendet, um etwas sichtbar zu machen, das eigentlich nicht zu sehen ist: den Einfluss, den die Individuen oder Zusammenschlüsse auf das Handeln von Menschen haben. Macht wird immer dann sichtbar, wenn Menschen Dinge tun, die sie von sich aus nicht tun würden.

Beginnen wir mit einem einfachen und weltweit anzutreffendem Beispiel: dem Gleichschritt von Soldaten. Warum, so kann man sich fragen, soll eine Gruppe von Menschen, die sich von A nach B begibt, ihre Gliedmaßen synchron bewegen? Es kostet Zeit und Mühe, Menschen auf diese Weise zu einer uniformen Gruppe verschmelzen zu lassen. Auch werden die Einzelnen durch die Koordination ihrer Bewegungen mit ihren Nachbarn nicht schneller. Ein direkter Nutzen scheint somit nicht vorhanden zu sein. Bei genauerem Hinsehen stellt sich aber heraus, dass es sehr wohl einen offen ersichtlichen Nutzen gibt: Jedem Beobachter wird unmissverständlich klar, dass er keine zufällige und planlose Ansammlung von Menschen wie etwa beim Volkswandertag vor sich hat. Der Gleichschritt zeigt weithin sichtbar, dass sich der Einzelne einem fremden Willen unterordnet. Die Soldaten marschieren nicht so, weil sie es selbst wollen, sondern weil jemand ihnen den Befehl dazu erteilt hat. Hinter den abgezirkelten Bewegungen steht eine Macht, die zwar selbst unsichtbar ist, in dieser einfachen Form aber für jeden erkennbar wird.

Eine noch weiter entwickelte Form der militärischen Machtpräsentation konnte man in den Zeiten vor dem Zusammenbruch des Ostblocks alljährlich in der ehemaligen Sowjetunion beobachten: die endlosen Militärparaden über den Roten Platz. Die Botschaft solch pompöser Selbstinszenierungen war alles andere als subtil. Es ging stets darum, die Macht der sowjetischen Führung zu demonstrieren. Dies wurde zum einen durch die schiere Zahl der Paradeteilnehmer bewerkstelligt und zum anderen durch die Waffen, die sie mitführten.

Man erinnere sich: Die Paraden der Sowjets erschöpften sich nicht in Massen von im Stechschritt marschierenden jungen Männern mit tausendfachem edel-stolz-dynamischem Schwert-und-Schild-Blick. Es zogen auch endlose Kolonnen von Panzern, mobilen Raketenabschussrampen und weiteren Fahrzeugen vorbei, deren primäre Funktion die Zerstörung war. Es wurde also nicht nur gezeigt, über welche personelle Macht die führende Nation des damaligen Ostblocks verfügte, sondern auch, welche Werkzeuge der Herrschaft des Proletariats zur Verfügung standen.

Warum handelt es sich hierbei dennoch um ein ehrliches Signal der Macht? Weil nur eine Regierung, die wirklich über einen großen Militärapparat verfügt, in der Lage ist, ein derart monumentales Schauspiel zu inszenieren. So wie die Masse der gezeigten Soldaten und Waffen einen Rückschluss auf die Gesamtgröße des Militärs erlaubt, so kann man von der Choreographie, Akribie und Präzision der Vorführung auf dessen Organisations- und Trainingszustand schließen. Darüber hinaus sind auch genügend Ressourcen vorhanden, um all dies an einen medienwirksamen Ort zu schaffen: alles Dinge, die nur ein funktionierendes und mächtiges System zu Wege bringen kann.

Betrachten wir ein weiteres weltweit verstandenes Signal aus der Sphäre des Militärischen: Wenn man sich ergibt, hebt man die Hände. Hier handelt es sich um ein mustergültiges teures Signal. Das Heben der Hände zeigt zum einen deutlich, dass diese leer sind, zum anderen bringt es sie in eine denkbar schlechte Position für jegliche Angriffs- oder Verteidigungsaktion. Das Einnehmen dieser im Hinblick auf mögliche Aktivitäten ungünstigen Körperhaltung ist der Preis, den man zahlt, um vom anderen als ungefährlich angesehen zu werden.

Man kann diese Situation aber auch aus der entgegengesetzten Perspektive betrachten. Denken Sie an Fasching und die Faszination, mit der kleine Jungs mit ihren Pistolen „herumballern", die praktisch zu jedem Kostüm gehören, ganz gleich ob es sich um Cowboys, Indianer, Piraten oder Raumfahrer handelt. Ständige „Hände hoch!"-Rufe gehören zumindest zu dieser Jahreszeit zum Standard frühmännlicher Kommunikation. In den gespielten Konfrontationen und Konflikten ist dieser Ruf ein teures Signal, teuer deshalb, weil spätestens damit die Unwissenheit des Opponenten, die sich aus einem perfekten Anschleichen herleitete, dahin ist. Jetzt weiß jeder, wo sich der Spielkamerad befindet.

Wechseln wir in die Welt der Erwachsenen, so besagt dieser Ruf auch, dass man über die waffentechnischen Mittel verfügt, diesem Imperativ Nachdruck zu verleihen. Ein insofern sehr teures Signal, als es zum einen den eigenen Standort verrät und zum anderen den Adressaten davon in Kenntnis setzt, dass man nicht gewillt ist, ihn nach eigenem Ermessen handeln zu lassen. Wie teuer dieser Befehl werden kann, führt man sich am besten anhand eines Polizisten vor Augen, der ihn in einer bedrohlichen Situation äußert, ohne über eine Waffe zu verfügen. Ein derartiges Verhalten ist potenziell selbstmörderisch.

Wenn es so riskant ist, im Ernstfall „Hände hoch!" zu rufen, dann fragt man sich, warum das überhaupt irgendjemand macht. Ist der Nutzen dieses Signals so groß, dass er das dargestellte Risiko rechtfertigt? Die Antwort ist ein eindeutiges Ja. Ohne einen Ruf wie „Hände hoch", vielleicht noch mit dem Zusatz „oder ich schieße!", würde es wahrscheinlich viel mehr Auseinandersetzungen mit Waffengewalt geben, weil gerade ein derart teures Signal in einer solchen Konfliktsituation eine Möglichkeit der Kommunikation eröffnet. Jemand, der ohne Waffe „Hände hoch!" ruft, wird im günstigsten Fall ignoriert und im schlechtesten Fall erschossen. Beides kann man getrost als gescheiterte Kommunikation ansehen. Die andere Möglichkeit wäre, gleich zu schießen. Aber das beinhaltet ein erhebliches Risiko für den Schützen: Der Anvisierte könnte das Feuer erwidern. Somit befinden sich beide Seiten in potenzieller Lebensgefahr.

Der Ruf „Hände hoch!" stellt also eine Möglichkeit dar, diese prekäre Situation für beide Seiten zu einem mehr oder weniger akzeptablen Ende zu führen. Der so Angerufene stellt, wenn er die Hände hebt, offen zur Schau, dass er sich der Macht des anderen beugt. Zwar verzichtet er darauf, sein eigenes Vorhaben — was immer es sei — zu realisieren, aber er rettet immerhin seine Haut.

Hier bestätigt sich eine Eigenschaft des Handicap-Prinzips, die wir bereits aus dem Tierreich kennen: Gelungene Kommunikation zwischen Räuber und Beute ist vorteilhaft für beide Seiten. Ähnliches gilt für den „Hände-hoch-Fall". Zwar mag man einwenden, dass die juristischen Prozeduren, die sich an ein derartiges Vorkommnis anschließen, in Feld und Flur keine Entsprechung finden, aber dennoch sind die Situationen vergleichbar. Im Falle einer bewaffneten Konfrontation unter Menschen ist die eingesetzte Ressource die körperliche Unversehrtheit. Um dieses hohe Gut zu retten, geht man sogar ins Gefängnis — eine gut nachvollziehbare Kosten-Nutzen-Abwägung.

▶ Meiner ist größer

Die Maya hatten es erkannt: Nichts eignet sich besser als ein Bauwerk, um Macht zu demonstrieren. Es ist haltbar, immer in Form und kündet 24 Stunden am Tag von der Verfügungsgewalt, die sein

Erbauer über andere hat. Jedes wirtschaftliche Zentrum der Welt ist ein Beweis für diese allgegenwärtige Logik der Macht. Dort mit einem herausragenden Bauwerk präsent zu sein, bedeutet, dass man zu den Großen gehört. Im Idealfall ist ein solches Gebäude ausschließlich von Mitarbeitern einer Firma oder Institution bevölkert. Ein Gebäude wird somit zum Spiegel der *manpower*, die sich hinter einem Namen verbirgt, ein dreidimensionales Abbild der Möglichkeiten, die aufgrund unsichtbarer Ressourcen vorhanden sind: der Macht.

So tragisch es ist, dieses Kalkül dürfte auch beim Anschlag auf das World Trade Center im September 2001 eine Rolle gespielt haben. Aber lassen Sie uns zunächst der Frage nachgehen, warum es im Zeitalter der Datennetze und der globalen Kommunikation nach wie vor wichtig ist, da zu sein, wo das Leben tobt. Handelt es sich hierbei nicht um ein Relikt aus der Zeit, als die Ökonomie von Dingen und nicht von Informationen bestimmt wurde? Damals machte es Sinn, da zu sein, wo Kunden und Geschäftspartner waren. Aber seitdem Banken keine Kisten mit Geld und Goldbarren mehr hin und her transportieren, sollte sich die Situation doch grundlegend geändert haben. Warum wandern die Banken nicht ins grüne Umland der Metropolen ab? Per Glasfaserkabel könnte man einen perfekten Anschluss an das Weltgeschehen sicherstellen. Für eine elektronische Überweisung ist es egal, ob sie um die Ecke oder am anderen Ende der Welt getätigt wird. Es geht nicht mehr um Scheine zum Anfassen, sondern um Buchgeld. Am Ende haben sich die Beträge zweier computergeführter Konten um denselben Betrag verschoben — das eine ins Plus, das andere ins Minus. Alles wäre billiger und entspannter.

Wenn Sie versuchen, sich einen derartigen Vorgang auszumalen, kommen Sie vermutlich an irgendeinem Punkt ins Stocken. Dass Lebensmittelgeschäfte aus den Stadtzentren verschwinden und auf die grüne Wiese wandern, ist nachvollziehbar. Aber zu einem erfolgreichen Geldinstitut würde ein derartiges Verhalten irgendwie nicht passen. Um diesem intuitiven Unbehagen auf den Grund zu gehen, müssen Sie sich nur eine Frage stellen: Wem würden Sie ihr Geld eher anvertrauen, einer Bank in der Nachbarschaft von Brachland und Kuhweiden oder einem Geldinstitut, das immer schon im besten und teuersten Geschäftsviertel der Stadt seinen repräsentativen Sitz hatte? Vernachlässigen Sie bei Ihren Überlegungen die Erreichbarkeit. Wir behaupten, der größte Teil der Menschheit würde sich zum Inhaber des imposanten Baus am prestigeträchtigen Ort hingezogen fühlen. Wir vertrauen dem nicht, der kleine Brötchen bäckt. Wir wollen uns sicher sein, dass gerade unsere Geschäftspartner zu den Leittieren in ihrem Business zählen. Wer schon lange dabei ist und in dieser Zeit viel aufgebaut hat, dem traut man am ehesten zu, dass er auch mit den Unwägbarkeiten der Zukunft zurechtkommen wird.

Wer also behauptet, große und hohe Gebäude wären nur aus Raumnot entstanden, der übersieht einen eminent wichtigen psychologischen Faktor: Ein Gebäude ist niemals nur Funktion, sondern dient immer auch der Repräsentation. Es ist ein unübersehbares Indiz, über welche Ressourcen derjenige, der hinter ihm steht, verfügt. Die Mengen an Stein, Beton, Stahl und Glas und der Aufwand ihrer Anordnung sind ein Spiegelbild einer ansonsten unsichtbaren Macht.

Macht ist im anhebenden 21. Jahrhundert natürlich etwas anderes als einst im Reich der Maya. Macht ist nicht mehr gleichbedeutend mit der Androhung oder Ausübung von Gewalt, sondern findet ihre universale Inkarnation im Geld. Mit Geld kann man Arbeiter unterhalten, Parteigänger anwerben, unmoralische Dienstleistungen kaufen und sogar Mörder dingen. Banken unterhalten Angestellte und greifen, wenn nötig, auf die Arbeitskraft von Handwerkern und Dienstleistern zurück. Selbstverständlich brauchen sie auch Arbeitsplätze für ihre Mitarbeiter, und wo man diese ansiedelt, ist — wie bereits ausgeführt — keine allzu große Frage: nämlich da, wo alle anderen auch sind, und wenn möglich in einem noch spektakuläreren und deshalb noch teureren Bau. Gerade im Zeitalter der elektronischen Kontoführung haben die Geldinstitute nichts mehr, was sie dem Publikum zeigen könnten. Die Macht, die Leistung und das Können sind unsichtbar und können in keiner Auslage präsentiert werden, um mehr oder weniger interessierte Betrachter in den Bann zu ziehen. Wenn also die wirklich entscheidenden Qualitäten unsichtbar sind, dann gibt es nur die eine Möglichkeit: Man braucht ein Signal, welches das Vorhandensein dieser Eigenschaften unbezweifelbar und für jedermann ersichtlich unter Beweis stellt — eben das *empire building*, wie Insider die Repräsentationsbauten von Banken nennen.

Diese psychologische Komponente der Hochhausarchitektur hat vermutlich erheblichen Anteil daran, dass sich Terroristen im Jahr 2001 das World Trade Center als Ziel aussuchten: ein Gebäude, das nicht mehr nur für eine Institution stand, sondern für ein ganzes Land, ja angesichts der internationalen Belegung der Büros für die globalisierte Finanzwelt überhaupt. Zwar sollte ein teures Signal nicht mit dem verwechselt werden, was es repräsentiert; im Falle von Macht besteht aber die Möglichkeit, dieses gegen seinen eigenen Ursprung zu wenden. Das Kalkül lautet: Wenn eine Macht sich ein Symbol ihrer selbst schafft, aber nicht in der Lage ist, dieses gegen offensichtlich viel Schwächere zu schützen, dann kann es mit ihr nicht allzu weit her sein.

▶ Die treuen Bösen

Nach Fitness und Macht kommen wir zur dritten der mit Handicap-Signalen beworbenen Qualitäten: der moralischen Integrität. Man sollte der Versuchung widerstehen, stattdessen vom Gutsein zu sprechen: Im Laufe der Beispiele werden wir vorführen, dass das, worum es hier geht, nicht unbedingt mit dem identisch ist, was Juristen „recht und billig" nennen. Es geht nicht um ein Gutsein im Sinne des „Schönen, Wahren und Guten", sondern vielmehr darum, wie unverbrüchlich man zu den Regeln der Sozialgruppe steht, der man angehört. Moralisch integer verhält man sich, wenn man den normativen Erwartungen der eigenen Gruppe gerecht wird. Dem rechtschaffenen Normalbürger mag diese Unterscheidung etwas haarspalterisch erscheinen, und in seinem Fall sind beide Begriffe tatsächlich zwei Seiten ein und derselben Medaille. Moralische Integrität, die Verlässlichkeit und Treue zu gemeinsamen Werten, kann aber auch in einem kriminellen Umfeld zutage treten.

Ein blutiges Exempel liefert die japanische Yakuza. Diese Mafia des fernen Ostens ist streng hierarchisch organisiert und verfügt über einen drakonischen Ehrenkodex. Wenn eines ihrer Mitglieder einen Fehler begeht, so hat es die Möglichkeit, diesen zu sühnen, indem es sich selbst einen Finger abschneidet. Wohlgemerkt, es handelt sich hier nicht um eine Strafe, die ein anderer ausführt, sondern um das eigenhändige Abschneiden eines Fingers bei vollem Bewusstsein. Nichts für Weicheier, könnte man sagen. Welchen Sinn hat dieses ganz ohne Zweifel teure und schmerzhafte Signal? Könnten die Angehörigen dieser Gruppierung nicht auch ohne Selbstverstümmelung beweisen, dass ihnen dieser oder jener Fehler leid tut und sie weiterhin fest zu ihrer „Familie" stehen? An dieser Stelle sollte man sich daran erinnern, dass es sich hier um eine Organisation von Schwerstkriminellen handelt. Jeder von ihnen ist in eine Vielzahl von Straftaten verwickelt und muss mit langjährigen Gefängnisstrafen rechnen. Eine der großen Bedrohungen für solche Organisationen sind Aussteiger: Ein einziger Kronzeuge kann ein Unterweltimperium ins Wanken bringen.

Warum also wird ein Fehler so blutig gesühnt? Weil man sichergehen will, dass es sich wirklich um einen Fehler handelt und nicht um eine Zusammenarbeit mit der Polizei oder der Konkurrenz. Man braucht ein ehrliches Signal der unbedingten Loyalität. Sich einen Finger abzuschneiden ist ein solches Signal, und man kann erwarten, dass dieses martialische Ritual der Buße nur von denen vollzogen wird, die keinerlei Alternativen haben oder erwägen. Und so bedeutet dieser Finger: „Ich habe einen Fehler gemacht, aber ihr könnt euch ohne jeden Zweifel auf meine Treue verlassen. Ich bin einer von euch." Das Betonen der Zugehörigkeit wird dadurch noch verstärkt, dass die Amputation die soziale Positionierung auch gegenüber Dritten offensichtlich macht.

Bislang haben wir die Situation durch die Augen der Organisation betrachtet. Der Nutzen des teuren Signals ist hier leicht einzusehen: Die Gewissheit der Treue ist ein gutes Fundament für die weitere kriminelle Zusammenarbeit. Inwiefern profitiert aber der sich selbst Verstümmelnde von seinem Opfer? Sein Nutzen ist exorbitant: Er sichert auf diese Weise sein Weiterleben und seine Existenz, zum einen, weil er für jeden sichtbar die Verantwortung für seinen Fehler übernimmt, und zum anderen, weil er mit dem Beweis seiner Treue ein Fundament für sein weiteres kriminelles Lebensauskommen legt.

Die Exotik dieses Vorgangs sollte nicht darüber hinwegtäuschen, dass sich teure Signale auch hierzulande bei Vertretern des organisierten Verbrechens finden. Junge Russen, die sich in Deutschland im Gefängnis befinden und zur so genannten Russenmafia gehören, sind ebenso streng hierarchisch organisiert. Tätowierungen machen für Eingeweihte den Rang jedes Einzelnen sichtbar.[6] Das Teure an diesem Signal ist nicht die Prozedur, mit der die Tätowierung in die Haut gestochen wird. Es ist vielmehr die Tatsache, dass dieses fast unauslöschliche Zeichen seinem Träger wie ein Kainsmal anhaftet und er durchaus damit rechnen muss, aufgrund dieses Mitgliedsausweises andernorts soziale Nachteile zu erleiden.

Tattoos bringen jedoch auch Vorteile, nämlich einen Kreis von Menschen, dem man angehört und auf den man sich verlassen kann. Man ist kein haltloses Individuum in der Masse, sondern Angehöriger einer Gemeinschaft mit festen Regeln. Man weiß, wer zu einem gehört und welche Rechte und Pflichten man diesen Menschen gegenüber hat. Lässt man den konkreten Hintergrund außer Acht, dann weht aus dieser Beschreibung ein Hauch von Sozialromantik: eine Gruppe von solidarischen Menschen, die sich ihre eigenen Regeln geschaffen hat und in der jeder seinen Platz kennt und auf die anderen zählen kann.

Hierin spiegelt sich ein uraltes biologisches Anpassungsproblem, denn die frühe Menschheitsgeschichte war geprägt durch einen ständigen Wettbewerb autonomer Gruppen um Lebensvorteile.[7] Wie alle öffentlichen Güter unterliegt auch die Gruppensolidarität dem „Schwarzfahrer"-Problem. Man mag zwar geneigt sein, die Vorteile der Gruppenzugehörigkeit für sich persönlich bestmöglich zu nutzen, aber anderseits gibt es starke Anreize, als Nutzenmaximierer jene Kosten zu vermeiden, die aus der sozialen

Allianz erwachsen. Gruppensolidarität läuft deshalb immer Gefahr, ausgebeutet zu werden — es sei denn, ihre Mitglieder und vor allem die neu Hinzukommenden bekunden mit ehrlichen Signalen ihre moralische Integrität.[8]

Diese Funktion übernehmen Rituale. Wer bereit ist, die hohen Kosten eines Initiationsritus auf sich zu nehmen, bekennt sich für alle wahrnehmbar zu seiner Gruppe und demonstriert die geforderte Loyalität. Die hohen Kosten der Initiation verhindern ein opportunistisches Schwarzfahren, denn die Nettovorteile der Gruppenzugehörigkeit stellen sich erst ein, wenn die anfänglichen Eintrittskosten kompensiert sind. Außerdem erschweren äußerlich sichtbare Zeichen ihrem Träger einen Gruppenwechsel und erhöhen so die Wahrscheinlichkeit eines dauerhaften, eventuell sogar lebenslangen Engagements für die Gruppe. Man zeigt mit dem teuren Signal ein glaubwürdiges Interesse an der Mitgliedschaft. Man kauft Prestige und empfiehlt sich als verlässlicher und moralisch guter Partner.[9]

▶ Mutprobe gleich Gutprobe

Kinder und Jugendliche bilden gerne Cliquen oder Banden. Am leichtesten kann man dieses Vorgehen bei relativ kleinen Jungs beobachten, die unter dem Einfluss von Abenteuerbüchern, -filmen oder -hörspielen stehen. Wenn ein paar dieser mit viel Phantasie begabten Teufelskerle sich zusammengeschlossen haben und ein Neuer mitmachen will, dann ist es recht wahrscheinlich, dass dieser eine Mutprobe ablegen soll. Haben Sie sich schon einmal Gedanken darüber gemacht, wie kleine Jungs auf die Idee einer Mutprobe kommen? Sie spielen nur nach, was sie anderswo gesehen oder gehört haben, könnte man antworten. Gut — aber warum spielen sie gerade das nach und nicht irgendwelche Elemente aus vorabendlichen Herzschmerzserien? Das mag daran liegen, dass wir eine „eingebaute" Sensibilität für teure Signale haben, die sich schon in jungen Jahren Bahn bricht. Teure Signale machen tolle Kerle, das spüren die Kleinen unbewusst. Und eine Gruppe, die es sich leisten kann, ein teures Signal als Aufnahmegebühr zu verlangen, besteht folglich aus tollen Kerlen. Ein Kind würde natürlich sagen, dass es darum geht zu sehen, ob der Neue Mut hat. Aber das ist es eigentlich nicht. Es geht darum zu sehen, ob der Neue bereit ist, sich für die Gruppe einzusetzen. Sich einzusetzen bedeutet, persönliche Kosten auf sich zu nehmen. Man könnte ihn natürlich einfach fragen, aber was sind schon Worte. Viel verlässlicher ist darum eine Situation, in der demjenigen, der um Aufnahme bittet, tatsächlich Kosten abverlangt werden. Es handelt sich sozusagen um eine Ernstfallsimulation. Wenn er nicht bereit ist, ein Risiko einzugehen, liegt es nahe, dass er auch später nicht gewillt sein wird, Kosten für das Wohl der Gruppe in Kauf zu nehmen.

Auch bei anderen Gelegenheiten im Alltag wird nach demselben Muster die moralische Integrität eines Menschen ausgelotet. Nehmen Sie die in Behörden und Firmen weit verbreitete Sitte, einen Ein- beziehungsweise Ausstand zu geben. Derjenige, der eine Stelle antritt oder eine Tätigkeit beendet, gibt für seine Kollegen zum Beispiel ein Frühstück aus. Wenn man fragen würde, auf welcher Basis dieses Brauchtum der Berufswelt fußt, dann bekäme man wahrscheinlich zur Antwort, dass so eine nette Geste die Bereitschaft demonstriert, sich für die gemeinsame Sache einzusetzen. Im Fall des Ausscheidens liegt die Vermutung näher, dass auf diese Weise noch einmal die Wertschätzung gezeigt werden soll, die man den ehemaligen Kollegen entgegenbringt. Diese Erklärungsversuche auf Basis des gesunden Menschenverstandes kommen dem, was das Handicap-Prinzip als Analyse für die vorliegende Situation offeriert, schon sehr nahe. Es handelt sich um eine Aktion, die dem Arbeitsumfeld unmissverständlich die eigene moralische Integrität bezeugen soll. Ein teures Signal in Form von Speisen und Getränken, die deutlich machen, dass man gewillt ist, eigenes Kapital einzusetzen, um der Gemeinschaft dienlich zu sein. Dies ist bei jemandem, der neu anfängt, gut nachzuvollziehen. Aber warum sollte sich jemand, der eine Arbeitsstätte verlässt, ebenso verhalten? Ganz einfach, weil es immer gut ist zu wissen, dass es an einigen Stellen der Welt Menschen gibt, die einem aufgrund angenehmer Erinnerungen wohlgesinnt sind.

▶ Einfach große Signale

Das Zeitalter des Internets, der Beschleunigung und Globalisierung bietet noch viel simplere Beispiele für teure Signale. Telefon und E-Mail sind fantastische Kommunikationswerkzeuge, effizient, weitreichend und nahezu omnipräsent. Diese Durchdringung unserer Welt mit elektronischen Kommunikationskanälen hat zu einer Aufwertung dessen geführt, was früher ganz alltäglich war: des handgeschriebenen Briefes.

Wer heute einen anderen Menschen seiner persönlichen Aufmerksamkeit versichern will, kann dies durch einen Brief tun. Warum? Weil unter normalen Umständen ein Brief weit mehr Einsatz verlangt als ein Telefongespräch oder eine E-Mail. Wer nun kurzsichtig einwendet, dass die Telefongebühren ja sehr schnell mit dem Briefporto gleichziehen können, hat nicht verstanden, dass es hier nicht vorrangig um finanzielle Kosten geht, sondern um die Zeit, die man sich für den anderen nimmt. Zeit ist — neben Gesundheit — die Ressource, die lebenslang beständig abnimmt, ohne dass auch der Mächtigste oder Reichste etwas dagegen unternehmen könnte.

Viele Menschen klagen beständig über einen Mangel an Zeit: Zeit, um das zu erledigen, was sie tun müssen, Zeit für das, was sie gerne tun wollen, und Zeit, die einfach da ist, um den Tag und die Welt auf sich zukommen zu lassen. Der Stress nimmt häufig sogar gesundheitsschädigende Ausmaße an. Wenn Zeit in unserer Welt also etwas so Rares und damit Kostbares ist, wie könnte man Zuneigung oder Verbundenheit besser zum Ausdruck bringen als mit der Botschaft: „Ich habe mir viel Zeit genommen, um dies für dich zu tun." Darin liegt die Bedeutung eines handgeschriebenen Briefes. Darin, dass sich jemand hingesetzt, seine Gedanken geordnet und dann zu Papier gebracht hat — ein Vorgang, der ein Vielfaches der Zeit verschlingt, die ein Telefonat oder ein routiniertes Eintippen derselben Worte in den Computer erfordert.

Schreiber von Liebesbriefen haben diesen Zusammenhang von jeher durchschaut. Vergleichen Sie einfach folgende Szenarien: Im ersten Fall erzählt Romeo seiner Julia nach der Rückkehr von einer Reise, wie unsagbar schmerzlich er sie vermisst hat. Im zweiten Fall trifft an jedem Tag seiner Abwesenheit ein Brief aus seiner Feder ein, angefüllt mit Lobpreisungen ihrer Schönheit und ergreifenden Schilderungen davon, wie verzehrend das Feuer der Liebe in ihm brennt. Welchem der beiden Romeos ist seine Julia wohl wichtiger? Wenn sich Julia in unserer hypothetischen Herzblatt-Show zwischen diesen beiden Verehrern entscheiden müsste, dann sollte sie ganz selbstverständlich den zweiten erwählen. Nachträglich zu sagen „Es war so furchtbar ohne dich", ist billig. Woher soll die junge Dame denn wissen, dass nicht ständig die Sektkorken knallten und eine Party die nächste jagte. Beim zweiten Kandidaten aber hat sie die unverbrüchliche Gewissheit, dass er sich, was immer auch auf dieser Reise war, jeden Tag die Zeit und Muße genommen hat, diese exquisiten Liebesschwüre zu Papier zu bringen.

Ein Brief steht somit also nicht nur für seinen Inhalt, sondern gibt indirekt Auskunft darüber, wie viel der Adressat dem Absender bedeutet. Zeit spielt aber auch in anderen kommunikativen Zusammenhängen eine wichtige Rolle, insbesondere im persönlichen Gespräch. Es gibt nicht wenige Führungskräfte, deren verbale Kommunikation mit ihren Mitarbeitern sich auf das Verteilen von Aufgaben und diesbezügliches Nachhaken beschränkt. Bei den Mitarbeitern entsteht der Eindruck, dass sie nur als Funktionsträger und nicht als Menschen wahrgenommen werden. In derartigen Arbeitsstätten herrscht ein Klima eisiger Kälte.

Ein Chef jedoch, der — und sei es nur gelegentlich, wenn eine Pause im Trubel es zulässt — sich auch für Persönliches interessiert, zuhört und bei späteren Gelegenheiten beweist, dass er sich das Vernommene gemerkt hat, wird als moralisch integer erlebt. Dies ist ein Mensch, für den man viel eher bereit ist sich einzusetzen, weil er die Größe hat, bei aller Arbeit die Menschen, die diese tun, wahrzunehmen.

Bleiben wir noch kurz in diesem Umfeld. Wieder eine Frage: Welche Signale senden zwei Chefs aus, die — von einem Mitarbeiter um ein Gespräch gebeten — einen Termin am nächsten Tag beziehungsweise in vier Wochen vorschlagen? Zeit ist Mangelware und deshalb kostbar. Und natürlich teilt man sich etwas Kostbares ein. Dabei steht zu erwarten, dass man die wichtigen Dinge vorzieht und Nebensächlichkeiten so weit wie möglich von sich weg schiebt. Schon anhand dieser knappen Überlegungen wird deutlich, welch unterschiedliche Aussagen über das Verhältnis Chef/Mitarbeiter die beiden Verhaltensweisen machen. Im ersten Fall stellt sich auf Seiten des Untergebenen das Gefühl ein, wichtig genommen zu werden. Nur das kann der Grund sein, weshalb sich trotz tausender Dinge, die zu erledigen sind, so schnell die Zeit für ein Gespräch unter vier Augen findet. Auch im zweiten Fall ist die Botschaft klar: Man erfährt überdeutlich, dass es mindestens tausend Dinge gibt, die wichtiger sind als die eigene Person und das Gespräch, um das man gebeten hat. Führungskräfte verfügen hiermit über ein hocheffizientes Instrument, die Motivation ihrer Mitarbeiter dem Nullpunkt entgegenzutreiben. Und das Beste daran: Dieses Signal ist wirklich billig.

▶ Nur teuer ist ewig

Je länger man die Umgangsweisen und Gebräuche gegenwärtiger Gesellschaften unter die Lupe nimmt, umso mehr offenbart sich die Allgegenwärtigkeit des Handicap-Prinzips. Es ist keine animalische Kommunikationsstrategie, der wir entwachsen sind, sondern vielmehr ein scheinbar ehernes Grundprinzip, das die Welt des Lebendigen durchzieht. Wer einem anderen klar machen will, dass er es ernst meint, muss sich seine Botschaft etwas kosten lassen. Umgekehrt ist es für Individuen, die sich auf andere verlassen müssen, die sinnvollste Strategie, bei ihren Entscheidungen auf teure Signale zu achten.

In den unzähligen Fällen, in denen die Kommunikation bei Mensch und Tier nach diesem Muster abläuft, kommt aber kein allübergreifendes Kalkül zum Vorschein. Vielmehr lehrt einfach die sowohl evolutionäre als auch persönliche Erfahrung, dass es sinnvoll ist, Signalen zu vertrauen, die nicht jeder Dahergelaufene imitieren kann. Die angeführten Beispiele dürften jedoch gezeigt haben, dass es sehr wohl einen Unterschied zwischen Handicap-Signalen bei Tieren und im menschlichen Miteinander gibt. Während Tiere Generation für Generation auf die gleichen Signale setzen müssen, haben wir Menschen aufgrund der Vielfältigkeit unserer Kultur fast endlose Entfaltungsmöglichkeiten. Je aufmerksamer man sich umsieht, desto mehr Vorgänge fallen einem ins Auge, die auf die eine oder andere Weise das Handicap-Prinzip für den zwischenmenschlichen Umgang nutzbar machen.

Selbst da, wo es um hohe und höchste Werte geht — wie Liebe, Treue und Ehrlichkeit — lassen sich schlagkräftige Beispiele für das Wirken der teuren Botschaften aufzeigen. Nehmen Sie einen der zentralen Momente jeder Hochzeit: den Tausch der Ringe. Haben Sie sich schon einmal überlegt, warum Ringe getauscht werden und nicht Kartoffeln, Papierschiffchen oder Cremepröbchen? Gut, alle drei genannten Alternativen kann man schlecht über den Ringfinger streifen, aber daran könnte man mit etwas gutem Willen arbeiten. Der wahre Grund ist, dass Eheringe teuer sind. Oder haben sie schon einmal eine Kollektion schrill-billiger Plastikringe in der Auslage eines Juweliers gesehen? Wer diesen Gedankengang ketzerisch und entwürdigend findet, sollte sich einmal überlegen, warum Eheringe aus bestimmten Materialien bestehen — vor allem Gold und Platin, nicht selten verziert mit dem Stein, den uns die Werbung als ewigen Herrscher im Reich der Festkörper verkauft, dem Diamanten. Neigt man sein Ohr den Verfechtern dieser Tradition, dann erfährt man, dass die Unvergänglichkeit dieser Materialien symbolisch für die Unerschütterlichkeit der Beziehung steht. Spätestens ein Blick auf die Scheidungsstatistik müsste diese Rechtfertigung der Materialwahl fraglich erscheinen lassen. Und wenn es denn um ein Symbol der Langlebigkeit geht, wie wäre es mit Edelstahl als Alternative?

Aber ernsthaft: Es handelt sich hier um ein Handicap-Signal erster Güte. Der Schwur, von heute bis in die Ewigkeit zueinander zu stehen, wird durch diese Geste auf einer nonverbalen, aber für jedermann und allzeit sichtbaren Ebene bekräftigt. In gewisser Weise ist die Botschaft der Ringe profaner und berechnender als die salbungsvollen Worte, die deren Austausch vorausgehen. Die Ringe sagen: „Weil ich dich als Sozialpartner will, gebe ich dir hiermit ein großes Stück meiner Ressourcen, damit du meiner Aufrichtigkeit sicher sein kannst."

Sie kennen sicherlich auch das folgende Ritual modernen Zusammenlebens: Man lädt seine Partnerin zum Essen ein, um einen Beziehungsstreit beizulegen. Man begibt sich in ein Restaurant mit vielen französischen Wörtern auf der Speisekarte, ordert dort kleine, aber aufwendige Nahrungsarrangements und begleicht am Ende eine stattliche Rechnung. Im Zeitalter der Gleichberechtigung kann es natürlich auch andersherum sein — eine Variante, die wir hier zwecks Übersichtlichkeit außer Acht lassen. Die Botschaft an die Adresse der Frau lautet: „Sieh her, ich bin an der Fortdauer unserer Beziehung so sehr interessiert, dass ich all dieses Geld ausgebe, um es dir zu beweisen. Ich würde doch nie eine Frau, die mir nichts bedeutet, zu einem so sündhaft teuren Essen einladen." Der Vollständigkeit halber sollte man hinzufügen, dass ein mit einigen Sternen ausgezeichnetes *haute cuisine*-Menü diese Botschaft förmlich in die Welt hinausschreit, während eine Currywurst mit Pommes sie nur sehr unverständlich vor sich hin nuschelt.

Betrachten wir eine andere Variante des eben skizzierten Streit- und Schlichtungsszenarios. Dieses Mal fühlt sie sich berufen oder vielleicht auch etwas genötigt, die entstandenen Risse wieder zu kitten. Im Falle einer klassischen Rollenverteilung — er verdient, sie ist Hausfrau — bereitet sie dann oft eine besonders aufwendige oder beliebte Speise zu. Und wieder spricht das Essen — nur was? Im Restaurant sprach es über seinen superben finanziellen Gegenwert. In diesem Fall ist aber alles mit dem Geld gekauft, das der Mann verdient hat. Die Ressource, die die dampfenden Köstlichkeiten zur Friedensbotschaft macht, heißt diesmal Zeit: „Sieh her, du bist es, mit dem ich mein Leben teilen will. Oder glaubst du, ich würde mir für irgendeinen Idioten die Finger wund schnipseln und vor dem Herd die Beine in den Bauch stehen?"

Diese Betrachtungsweise ist zwar höchst unromantisch, aber dafür erschreckend erklärungskräftig. Wer nun frustriert in sich zusammensinkt, weil auch noch die letzte Bastion großer Gefühle in die schmählichen Niederungen einer Beziehungsökonomie gezogen wird, der sei getröstet. Die Gefühle werden durch einen derartigen Akt nicht kleiner. Ganz im Gegenteil, erst die Möglichkeit teurer Signale schafft den Raum, den große Gefühle zum Atmen brauchen. Zwar ist das Handicap-Prinzip ein Kommunikationskalkül, aber es entwertet die Dinge nicht, die mit seiner Hilfe signalisiert werden. Nur teure Signale erlauben es, im weiten Feld der Kabalen und Leidenschaften zwischen „nett finden" und „vor Liebe vergehen" sicher zu unterscheiden. Zwar wird es kaum jemanden geben, der im wortwörtlichen Sinne der Geliebten sein Herzblut ausschütten will, Möglichkeiten zu ähnlich ergreifenden und zukunftsfähigeren Signalen gibt es jedoch ohne Ende.

Die edelsten und schönsten Zeichen menschlicher Zuneigung in dieser Weise zu demontieren, kann einem romantischen Feingeist nur als Symptom emotionaler Verkümmerung erscheinen. Zwar schafft eine Analyse menschlicher Interaktion mithilfe des Handicap-Prinzips die Gefühle nicht ab, aber sie zeigt, wie rational diese in der zwischenmenschlichen Kommunikation zutage treten. Das Erleben von Gefühlen wird jedoch als so mächtig, geheimnisvoll und umfassend empfunden, dass wir einen intuitiven und starken Widerwillen haben, diese mit unsentimentalem Kalkül in Zusammenhang zu bringen.

Gerade weil wir Menschen gefühlsbetonte Wesen sind, möchten wir wissen, wie viel unseren Partnern und Freunden an uns liegt, und wir wollen nicht nur Worte, sondern Taten. Worte sind billig und in jeder Zusammensetzung und Menge ohne großen Aufwand zu produzieren. Um sicherzugehen, was unseren Stellenwert in den Köpfen anderer angeht, brauchen wir mehr — und sei es nur ein sündhaft teures Satellitengespräch vom anderen Ende der Welt, das mit den Worten „Du fehlst mir" beginnt. Das Handicap-Prinzip schafft Klarheit darüber, warum unterschiedliche Botschaften zu emotionalen Reaktionen von unterschiedlicher Intensität führen: Die Eindringlichkeit dieser Botschaften ist dabei durchweg an die

Quantität der aufgewendeten Ressourcen geknüpft – ein Zusammenhang, dessen sich unser gesunder Menschenverstand zumeist bewusst ist.

Eine vernünftige Erklärung, warum man besser teure als billige Signale verwendet, ändert kein Jota an dem subjektiven Empfinden bei schicksalsmächtigen Begegnungen. Wir werden weiter auf den Wogen der Euphorie reiten und uns wechselweise auch die Abgründe der Verzweiflung von innen beschauen. Je nach Lebensglück und Seelenbeschaffenheit wird jeder eine andere Bahn zwischen diesen existenziellen Extremen beschreiben. Aber wenn er oder sie andere von den großen Gefühlen, die unsichtbar im Inneren wirken, überzeugen will, dann sind teure Signale die adäquaten Mittel dazu. So gesehen ist das Ziel des Handicap-Prinzips ein durchaus hehres: die Wahrheit und nichts als die Wahrheit.

▶ Ein kleiner Test

Jene Leserinnen und Leser, die unserer Argumentation bis hierher gefolgt sind, müssten auf die folgenden Fragen plausible Antworten parat haben:

- Warum war eine gewisse Leibesfülle im Nachkriegsdeutschland prestigeträchtig, während in unseren modernen Zeiten eher Schlankheit angesagt ist?
- Warum macht es einigen jungen Männern einen Heidenspaß, in ihre Kleinwagen leistungsstarke Musikanlagen einzubauen und mit aufgedrehten Bässen die braven Bürger in den Straßen von Bebra, Wetzlar, Buxtehude oder sonstwo zu beschallen?
- Warum enden Ehekräche manchmal mit zerschlagenem Geschirr?
- Warum schreien Babys lauter als es zur bloßen Mitteilung von Hunger oder anderem Missempfinden nötig wäre?[10]
- Warum ist lügen zwar nicht verboten, wird aber der Meineid hoch bestraft?

- Warum fährt Ihr Mann, Freund, Lebensabschnittsgefährte, Kollege, Nachbar jedes Jahr ein neues Auto?
- Warum soll Ihre Wohnung, wenn Sie Besuch empfangen, aufgeräumter und gepflegter aussehen, als sie gewöhnlich ist?
- Warum belassen manche Flugpassagiere die Kontrollzettel an ihren Gepäckstücken, auch wenn die Flugreise längst beendet ist?
- Warum kommen Professoren traditionsgemäß eine Viertelstunde zu spät in ihre eigene Vorlesung?
- Warum sind öffentlich inszenierte Wohltätigkeitsveranstaltungen in der Regel erfolgreicher als diskrete Spendenaufrufe?
- Warum legen feine Leute Wert auf gepflegte Fingernägel?
- Warum galt am Fin de Siècle der blasse Teint schick, heute hingegen ein sattes Sonnenstudiobraun?
- Warum tragen Köche weiße Schürzen?
- Warum geben Männer, wenn sie in Begleitung einer Frau sind, einem bettelnden Stadtstreicher mit größerer Wahrscheinlichkeit eine milde Gabe, als wenn sie allein unterwegs sind?[11]
- Warum erhöhen manche Männer ihre Jogging-Geschwindigkeit, wenn sie beobachtet werden?
- Könnte es sein, dass es stimmt, wenn man sagt: „Je größer die Geschenke, desto unsicherer die Beziehung"?

Haben Sie mögliche Antworten gefunden? Wenn ja, dürfen Sie weiterlesen, um zu erfahren, welche philosophischen Schlussfolgerungen wir aus dem Gesagten ziehen. Wenn nicht, sollten Sie ebenfalls weiterlesen: Vielleicht gelingt es uns im nächsten Kapitel, etwas klarer zu argumentieren, wenn es darum geht, die Evolution des Angebers nachzuvollziehen.

An den Quellen der Unvernunft

Die große Leistung guter Wissenschaft ist es, viele unterschiedliche Beobachtungen durch eine einzige Erklärung verständlich zu machen — eine Möglichkeit, die sich aus der simplen Tatsache speist, dass die meisten Dinge oder Vorgänge keine Unikate sind, sondern mehrfach oder sogar massenhaft auftreten. So kann man zum Beispiel jeden Herbst erneut Äpfel auf ihrem kurzen Weg vom Ast zum Boden beobachten, weil sie der Schwerkraft folgen — das klassische Beispiel schlechthin für ein Naturgesetz. Der Fortschritt der Wissenschaften konstituiert sich aus neuen und leistungsfähigen Erklärungen, die es uns erlauben, die Welt, in der wir leben, besser zu verstehen. Genau das ist es, was die Zahavis mit dem Handicap-Prinzip geleistet haben. Sie haben eine Theorie entwickelt, die unterschiedlichste Verhaltensweisen sowohl bei Tieren als auch bei Menschen zu erklären vermag. Dem Sonderling Thorstein Veblen kommt das Verdienst zu, das Phänomen des demonstrativen Konsums und Müßiggangs schon 75 Jahre früher untersucht zu haben — aber seine Einsichten wirkten zu seiner Zeit noch so sperrig, dass sie praktisch keine weiteren Früchte trugen.

Heute befinden wir uns in der vorteilhaften Situation, eine Zusammenschau von Tierreich und menschlicher Gesellschaft anstellen zu können, und dabei stoßen wir durchgängig auf das Phänomen der teuren Signale. Dabei handelt es sich nicht um Grenz- oder Sonderfälle im Miteinander der Organismen, sondern vielmehr um den Normalfall. Kommunikation ist nur dann für beide Seiten vorteilhaft, wenn man davon ausgehen kann, dass das, was mitgeteilt wird, ehrlich ist. In den vorangegangenen Kapiteln haben wir diesen Zusammenhang an einer Vielzahl von Beispielen belegt: von den Antilopen, die springen, als könnten sie sich nichts Schöneres vorstellen, als vom Wolf gesehen zu werden, über nahrungsteilende Jäger- und Sammlervölker bis zum Verfassen von Liebesbriefen reichten die Belege. Je länger man sich mit dem Handicap-Prinzip beschäftigt, desto mehr gewinnt man den Eindruck, dass es sich gewissermaßen um ein Erfolgsrezept fürs ganze Leben handelt. Selbst die Wahl edler Kleidung aus ausgesucht guten Stoffen, wie sie im Rahmen eines karriereorientierten Selbstmarketing empfohlen wird, deckt sich mit den Einsichten, die aus diesem theoretischen Werkzeug erwachsen. Wollte man sich an dieser Stelle als Erfolgstrainer, Coach oder Lebensberater probieren, könnte man sich zu der Formulierung versteigen: „Beherzige das Handicap-Prinzip und lerne zu siegen. Denn nichts anderes ist es, was wir wollen: Wir wollen Erfolg. Der eine will Geld, der andere Familie und der dritte ein bleibendes Werk schaffen. Aber letztendlich haben wir alle Pläne, mit denen wir durchs Leben gehen und die wir nur zu gerne umsetzen würden. Signale, bei denen nichts schief gehen kann, können uns da nur recht sein. Worauf also noch warten? Wer morgen schön, reich und berühmt sein will, sollte schon heute den Mut zum Handicap-Signal haben."

So weit die Spekulation — zurück zur Wirklichkeit. Das Handicap-Prinzip ist nämlich keinesfalls eine Einbahnstraße zum Erfolg, sondern ein (zugegeben: sehr effektiver) Kommunikationsmechanismus, der ein nicht unerhebliches Gefahrenpotenzial birgt. Durch Unvernunft entstehen Risiken und Nachteile für den Geldbeutel und letztlich sogar für Leib und Leben. Mit den Menschen und ihrer Kultur ist eine neue Dimension der teuren Signale eröffnet worden: Waren diese vorher in den einzelnen Arten quasi fest verdrahtet und vererbten sich mit schönster Regelmäßigkeit von einer Generation zur nächsten, so bedeutet die kulturelle Leistungsfähigkeit des *Homo sapiens* den Abschied von der Wiederkehr der ewig gleichen Signale. Die menschliche Kultur in ihrer Plastizität und Wandlungsfähigkeit bringt immer mehr unterschiedliche Signale hervor, die in den verschiedensten Situationen in jeweils passenden Modifikationen eingesetzt werden können. Man kann also ohne allzu große Übertreibung behaupten, dass mit dem Menschen der Meister des Handicap-Prinzips die Welt betrat — ein Meister jedoch, der immer noch ständig neue Spielarten dieser archaischen Kommunikationsblaupause generiert.

Teure Signale sind also nicht mehr nur evolutionäre Hinterlassenschaften ungezählter Vorfahren, sondern auch in der Selektion noch nicht geprüfte, flüchtige Phänomene im Hier und Jetzt. Dies hat unausweichlich zur Folge, dass es zu regelrechten Flops kommen kann. Bislang haben wir immer über die erfolgreichen Exemplare berichtet, sozusagen über die Sonnenseite des Handicap-Prinzips. Teure Signale unter Menschen haben aber auch ihre Schattenseite, nämlich die Fälle, in denen sie dysfunktional aus dem Ruder laufen.

► Falltüren der Evolution

Unsere Psyche ist ein Produkt des Evolutionsprozesses. Im Laufe von Millionen von Jahren ist sie auf ihre Tauglichkeit in einem von Wettbewerb geprägten sozialen Umfeld hin optimiert worden. Und letztendlich ist sie das entscheidende Werkzeug, das für den Erfolg der menschlichen Art verantwortlich ist. Versetzen Sie sich — wenn Sie mögen — einmal kurz in die Rolle eines Konstrukteurs, der vor der Aufgabe steht, in einer nur von Tieren bewohnten Welt das erste vernunftbegabte Wesen zu schaffen. Bei diesem Gedankenexperiment nehmen wir uns die Freiheit, die Evolution ausnahmsweise mit dem Wirken eines Konstrukteurs gleichzusetzen, obwohl es sich vielmehr um einen subjektlosen Optimierungsprozess handelt.

Wie also stellt sich der Übergang vom Tier zum Menschen aus dieser Perspektive dar? Die bisherigen Lebewesen waren in gewisser Weise fest verdrahtet, was ihre Reaktionen auf die Umwelt anging. Auch die teuren Signale waren schon komplett eingebaut. So determinierten die Gene eines Vogels im Zusammenspiel mit seiner Umwelt den Federschmuck. Der entscheidende Fortschritt beim revolutionär neuen Modell Mensch sollte sein, dass er nicht auf ein kleines und fest eingebautes Repertoire von teuren Signalen angewiesen ist, sondern diese je nach Bedarfslage eigens produzieren kann.

Als Verantwortlicher für diese bahnbrechende Weiterentwicklung müssen Sie nun irgendwie dafür sorgen, dass diese neue Art überhaupt von ihren Möglichkeiten, teure Signale zu produzieren, Gebrauch macht. Wenn es Ihnen nicht gelingt, einen derartigen Automatismus einzubauen, dann dürfte schon in wenigen Generationen kein Exemplar dieses revolutionär neuen Modells mehr existieren.

Nachdem Sie alle erdenklichen Szenarien durchgespielt haben, sind Sie auf die bestmögliche Lösung des Problems gekommen: Sie werden dafür sorgen, dass diese Menschen durch Erfolg in Wettbewerbssituationen in lustvolle emotionale Zustände versetzt werden. Und Sie gehen noch darüber hinaus und implementieren eine Psyche, die schon das Zurschaustellen von teuren Signalen mit Gefühlen wie Spaß, Lust und Gewinn in Verbindung bringt. Auf diese Weise statten Sie ihr Geschöpf, das ganz unzweifelhaft über ein hohes Potenzial verfügt, mit den Voraussetzungen aus, diese auch in die Tat umzusetzen.

Lassen Sie uns an dieser Stelle das Gedankenexperiment beenden. In Wirklichkeit gab es keinen Konstrukteur, der sich reiflich überlegte, wie der Mensch beschaffen sein soll. Vielmehr konnten in diesem seelenlosen Prozess langfristig nur Organismen mit Wettbewerbsvorteilen überleben und sich fortpflanzen. Und so wie unser Körper ein Ergebnis dieser unablässigen Folge von Generationen ist, so ist auch unser Geist eine Frucht des „Sei besser oder stirb"-Prozesses der Evolution. Die Historie unserer Psyche birgt eine wichtige Lehre: Unser Denken hat sich nicht entwickelt, um vernünftig zu sein, sondern um uns dabei zu helfen, erfolgreich zu sein.

Diese Aussage mag im ersten Moment verwirrend wirken, weil Erfolg und Vernunft zumeist eng korreliert sind — wenn man von Glücksfällen wie einem Lottogewinn absieht. Und diesem Zusammenhang wollen wir auch nicht grundsätzlich widersprechen. Es ist jedoch so, dass dieses genetisch verankerte Trachten nach Erfolg eine mitunter schwer nachvollziehbare Rationalität an den Tag legt — eine Rationalität, die auf Mechanismen aufbaut, die sich im Laufe der Evolution als Gewinn bringend erwiesen haben. Und zu diesen gehört ein Verhalten, das sich gewissermaßen des Handicap-Prinzips als Leitsatz bedient: Wenn du erfolgreich sein willst, dann investiere in teure Signale!

Ein derartiges Verhalten, das auf demonstrativen Verbrauch unterschiedlichster Ressourcen setzt, wird dadurch befördert, dass es zumeist in emotionale Zustände mündet, die wir Menschen als angenehm empfinden. Und genau hier liegt die Gefahr — oder, um den Titel dieses Kapitels aufzugreifen, eine der Quellen der Unvernunft. Dadurch, dass wir den Einsatz von Ressourcen als lustvoll und stimulierend empfinden, geraten die Ziele aus dem Blick. Und so kann es im Extremfall dazu kommen, dass Menschen Zeit, Kraft und Geld vergeuden, nicht weil sie ein konstruktives Ziel vor Augen haben, sondern weil sie den Akt des Ressourcenverbrauchs an sich als gut und befriedigend empfinden.

Lassen Sie uns an dieser Stelle noch einmal zum Beispiel von Jack Nicholson zurück kehren. Dadurch, dass wir mehr über die evolutionären Hintergründe des von ihm praktizierten Geldverbrennens wissen, wird zumindest nachvollziehbar, wie es zu so unvernünftigen Verhaltensweisen kommen kann: Es handelt sich um kurzgeschlossene Handicap-Signale, bei denen es nicht mehr darum geht, ein bestimmtes, sozial nachvollziehbares Ziel zu erreichen. Vielmehr reicht der Akt an sich aus, um einen psychischen Zustand herzustellen, der mit dem Hochgefühl eines Erfolgs verglichen werden kann. Wir wissen nicht, ob die Aktion von Jack Nicholson von Erfolg gekrönt war, ob das Publikum anerkennend applaudiert hat und ob Jack Nicholson letztlich sein Prestige vermehren konnte. Aber darauf kommt es für ein Verständnis der Handicap-Signale auch nicht an. Wesentlich ist vielmehr die Einsicht, dass die Evolution einen Belohnungsmechanismus hervorgebracht hat, der derartiges Verhalten motiviert. Und wenn die Rechnung aufgehen sollte — umso besser. Niemand wird dann an den Handicap-Signalen Anstoß nehmen, denn Erfolg legitimiert sich bekanntlich selbst. Was aber, wenn die Rechnung nicht aufgeht, wenn die Gewinnauszahlung ausbleibt, weil Prestige nicht zu gewinnen ist? Dann heißt die Diagnose kurzerhand: Unvernunft. Wir haben demnach mit einer Art evolutionärer Falltür zu kämpfen: Unserem vernünftigen Umgang mit der Welt sind Grenzen gesetzt. Vernünftige Überlegungen und Handlungen fühlen sich für den Ausführenden längst nicht immer wie Erfolge an — Handicap-Signale wohl, selbst wenn sie ihr Ziel verfehlen sollten.

▶ Regelbrecher

Da ist sie also, die Schattenseite des Handicap-Prinzips: Ziele und Mittel stehen nicht mehr in einem funktionalen Zusammenhang. Vielmehr haben sich die Mittel verselbstständigt und spielen nur noch sehr zweifelhaften psychischen Zuständen zu – dem „Kick", wie Jack Nicholson es beschrieb.

In den bisherigen Teilen dieses Buches haben wir Sie davon zu überzeugen versucht, wie leistungsfähig und effizient Handicap-Signale sind. Wir wollten zeigen, dass dieser theoretische Ansatz über ein faszinierendes und weit reichendes Erklärungsspektrum verfügt – dass er, mit anderen Worten, richtig ist und uns die Möglichkeit bietet, die Welt besser wahrzunehmen und zu verstehen. Die Vielzahl der teils plausibel, teils bizarr anmutenden Beispiele diente keinem anderen Ziel. Nun kommen wir zu dem Punkt, an dem wir zugeben müssen, dass wir uns in gewisser Weise wie raffinierte Verkäufer benommen haben, indem wir Ihnen Belege präsentierten, die es leicht machen, sich für das Handicap-Prinzip zu begeistern. Jetzt aber kommen wir gewissermaßen zum Kleingedruckten. Das Beispiel mit Jack Nicholson war quasi der Einstieg in die Erörterungen der Risiken und Nebenwirkungen, die mit der Allgegenwart der teuren Signale verbunden sind.

Anhand des Autoverkehrs wollen wir Ihnen nun ein Phänomen vorführen, das man an verschiedensten Stellen in unserer Gesellschaft beobachten kann und das wir mit dem Wort „Regelbrecher" beschreiben möchten. Das sind, wie das Wort schon sagt, Mitglieder der Gesellschaft, die sich über die normalerweise einzuhaltenden Spielregeln hinwegsetzen.

Im Kino lief vor einiger Zeit ein Film mit dem Titel *The Fast and the Furious*, in dem illegale Autorennen eine zentrale Rolle spielen. Schnelles Fahren, das zudem noch gegen die Konventionen des Straßenverkehrs verstößt, übt eine so große Faszination aus, dass es sogar als dramatisches Moment für Filmhandlungen dienen kann.

Was ist daran negativ fürs Handicap-Prinzip, werden Sie fragen: Filme sind doch nur Fiktion! Aber es geht uns gar nicht um irgendein Hollywood-Produkt, sondern darum, dass ganz reale Menschen in unserer ganz realen Welt sterben, weil die Handhabung von Autos die Möglichkeit von Handicap-Signalen beinhaltet. Autos sind bekanntlich Statussymbole, und sie sind dies, weil ein Auto aufgrund seines meist hohen, genau zu beziffernden Wertes ein ideales Mittel darstellt, andere von der Reichhaltigkeit eigener Ressourcen in Kenntnis zu setzen. Die Handhabung dieses Verkehrsmittels eröffnet jedoch noch weitere Möglichkeiten. Freie Bürger, die sich überall ihre freie Fahrt nehmen, können auf diese Weise zum einen ihre Fitness zur Schau stellen und zum anderen ihre Unabhängigkeit von so spießbürgerlichen Regeln wie der Straßenverkehrsordnung demonstrieren. Mit anderen Worten: Rasen lohnt sich. „Weil ich so fit bin, dass mein Auto und ich gleich einem kybernetischen Superorganismus die raue Welt der Straße in jedem Sekundenbruchteil im Griff haben, bin ich ein attraktiver Sozialpartner. Und indem ich mir meine Freiheit nicht durch engstirnige Gesetze beschneiden lasse, zeige ich, dass ich ein Mensch bin, der souverän mit seinem Leben umgeht." Da sehen Sie, was das Handicap-Prinzip anrichten kann.

Man mag einwenden, dass solche Menschen, die den Straßenverkehr als Bühne nutzen, früher oder später mit dem Gesetz in Konflikt kommen werden, und dann hilft die eingebildete Souveränität auch nicht weiter. Gut möglich, dass es so kommt. Was ist aber, wenn der erste ernsthafte Konflikt keiner mit dem Gesetz ist, sondern einer mit einem entgegenkommenden Fahrzeug? In den Unfallberichten ist dann oft von Selbstüberschätzung oder Fehleinschätzung der Lage die Rede. Natürlich, was sollte es auch anderes sein? Der Motor hinter diesen tragischen, notorischen Fehlurteilen ist unsere Vorliebe für teure Signale.

Wir wollen keinesfalls behaupten, dass *alle* Verkehrsunfälle aus dem Handicap-Prinzip resultieren. Der Anteil dürfte aber beträchtlich sein. Hirnlose Raserei auf öffentlichen Verkehrswegen ist Wettbewerb. Sie ist eine missratene Entsprechung zum einstmaligen Wettbewerb beim Erlegen großer Tiere oder beim Speerfischen von Lagunenfischen oder all den anderen kompetitiven Szenarien, über die wir schon berichtet haben. Das gesellschaftlich Kontraproduktive an diesem modernen Fitness-Signal ist, dass der Preis in einer (auto)mobilen Gesellschaft sehr oft nicht nur von denen bezahlt wird, die es aussenden. Wer einst auf die Großwildjagd ging, wusste um die Gefahr für Leib und Leben. Wer die Risiken nicht eingehen wollte, konnte sich auf kleineres und ungefährliches Wild beschränken, wenngleich ihm dann der Glamour des großen Jägers für immer versagt blieb. Im automobilen Zurschaustellen individueller Fitness per Geschwindigkeit und so genannter sportlicher Fahrweise verteilt sich jedoch das Risiko anders. Da es im Straßenverkehr keine Soloauftritte à la „Ich gegen den Höhlenbär" gibt, müssen die Kosten dieser teuren Signale nur zu oft von Unbeteiligten mitgetragen werden. In unseren Augen steht es jedem Menschen frei, sein eigenes Leben auch unter Einschluss letaler Risiken selbst zu gestalten. Gesellschaftlich inakzeptabel ist es hingegen, die Konsequenzen dem Publikum aufzubürden.

Man muss also einräumen, dass der menschliche Hang zu teuren Signalen mitunter in asozialen Verhaltensmustern kulminiert. Natürlich ist die Möglichkeit, durch hohe Geschwindigkeiten beeindruckende Signale an die Umwelt abzusetzen, nicht der einzige Grund für eine derartige Fahrweise: Oft genug treibt schlichter Termindruck unseren Fuß dem Bodenblech entgegen. Auch lauert längst nicht jeder Autofahrer nur darauf, mittels wahnwitziger Geschwindigkeit seine Umwelt wissen zu lassen, über welche fast übermenschliche Reflexe er verfügt. Die meisten Exemplare des *Homo automobilus* sind sehr wohl sozialverträglich und meiden eine allzu rasante Fahrweise. Betrachtet man aber diejenigen, die einen solchen Fahrstil pflegen, dann muss man einräumen, dass es sich nicht durchgängig um Ärzte im Notfalleinsatz und Vertreter im Terminstress handelt. Ein großer Teil dieser potenziell für die Umwelt gefährlichen Fahrten wird absolviert, ohne dass ein klarer Sachzwang besteht, schnellstmöglich von A nach B zu kommen. Schnell fahren macht Spaß und ist, gerade in unserem Land, ein Teil der Kultur — man könnte fast von einem Geschwindigkeitskult sprechen.

Dass die Geschwindigkeit motorisierter Fortbewegungsmittel für den Individualverkehr ein echtes Problem ist, belegen die gesetzlichen Vorkehrungen von staatlicher Seite. An dieser Stelle kommt die Gestalt ins Spiel, die wir vorhin eingeführt hatten: der Regelbrecher. Mit seinem illegalen Verhalten bedeutet der Delinquent seiner Umwelt, dass die Macht, die hinter diesen Regeln steht, sich nicht auf ihn erstreckt. Er ganz alleine ist es, der – unabhängig und souverän – darüber entscheidet, wie er sich verhält – so die Botschaft dieses Signaltyps.

Der Philosoph Gerhard Vollmer sprach schon vor längerer Zeit vom alten Gehirn und den neuen Problemen.[1] Genau ein solches Aufeinandertreffen können wir hier beobachten. Unsere neuronale Ausstattung legt uns Signale nahe, die, wenn man es gesamtgesellschaftlich betrachtet, alles andere als zu begrüßen sind. Das Dumme ist nur: Diese Signale funktionieren. Zwar kann sich längst nicht jeder für innerstädtische Kfz-Sprintduelle oder Ähnliches begeistern, aber es gibt einen ausreichend großen Kreis von Beobachtern, der Derartiges goutiert. Und damit lohnt sich die Sache.

► Besser mit Bass

Lassen Sie uns noch eine zweite Variante des automobilen Regelbrechers unter die Lupe nehmen. Stellen Sie sich folgende Szene vor: Sie sitzen mit jemand Nettem zusammen vor einem Eiscafé in einer verkehrsberuhigten Zone und unterhalten sich. Es ist Sommer, der Himmel ist blau und die Luft angenehm warm. Auf einmal hören Sie, wie sich von weiter her immer mächtiger anschwellende Bassklänge in Ihre Richtung bewegen. Sie können ein Auto als Quelle dieser Klänge ausmachen. Dieses bewegt sich, wie es sich für eine verkehrsberuhigte Zone gehört, mit lediglich etwas mehr als Schrittgeschwindigkeit vorwärts. Der Fahrer hat den linken Arm in einer fast symbiotischen Haltung dort gelagert, wo die Seitenscheibe einst wieder aus der Karosserie emporgleiten wird. Aller Wahrscheinlichkeit nach werden die Augen dieses in Schallwellen badenden Individuums durch eine Sonnenbrille geschützt – vor was auch immer. Sie haben nun drei Möglichkeiten:

Sie können sich anschreien, da eine akustische Kommunikation auf andere Weise unter diesen Umständen unmöglich ist. Sie können Ihre Aussagen pantomimisch vermitteln oder per Taubstummensprache, wenn Sie dieser mächtig sind. Oder Sie stellen das Gespräch bis zu dem Zeitpunkt ein, an dem sich die Lärmquelle weit genug von Ihnen entfernt hat. Vermutlich werden sie sich der letzten Variante bedienen und dabei das Gefühl haben, eine Unverschämtheit zu erdulden. Welches Recht hat dieser Mensch, Sie in Ihrer Unterhaltung zu stören? Warum tut er das?

Begutachtet man die geschilderte Situation mit einem am täglichen Durcheinander gewachsenen Alltagsverstand, so kommt man wahrscheinlich zu dem Schluss, dass es sich um ein typisches Halbstarkenverhalten handelt — und genau dies findet sich bei einer eingehenderen Analyse nach dem Handicap-Prinzip bestätigt. Nicht ein explizites Gesetz, sondern vielmehr die ungeschriebene Regel, dass man andere so wenig wie möglich stören sollte, wird hier ganz gezielt verletzt. Rosa Luxemburg sagte, die Freiheit eines Menschen ende an der Freiheit des anderen. Ein pragmatischer Denker schuf dafür das Bild, dass die Freiheit eines jeden Einzelnen, seine Arme zu strecken, eben da endet, wo die Nase des anderen beginnt. Die theoretischen Wurzeln dieser identischen Figuren dürften im kategorischen Imperativ des Königsberger Philosophen Immanuel Kant liegen.

Nach diesen handlungsleitenden Überlegungen sollte eine derartige Lärmbelästigung eigentlich nicht vorkommen: Andere sollten nicht in ihrer freien Entfaltung gestört werden, nur weil ich mich frei entfalten will. Aber so vernünftig funktioniert unser menschliches Miteinander nicht, wofür man an diese Stelle ganz explizit unsere Vorliebe für Handicap-Signale verantwortlich machen kann. Unsere hochdifferenzierte gegenwärtige Gesellschaft bietet Signalmöglichkeiten, die sich erst auf den zweiten Blick erschließen. Die Normalbürger im Einflussbereich des wandernden akustischen Epizentrums sind nicht die Zielgruppe dieses Signals. Sie sind, das muss man ganz offen sagen, Mittel zum Zweck. Mitten im Wald dreht niemand seinen Ghettoblaster auf. Es geht nicht um die Musik. Es geht darum, Leute zu stören und Blicke auf sich zu ziehen. Der Schalldruck zwingt andere Menschen, sich anders zu verhalten, als sie es von sich aus tun würden. Wenn Sie an Max Webers Definition von Macht denken, die wir in Kapitel 4 angeführt hatten, dann fällt sofort auf, dass hier Macht ausgeübt wird — eine zugegeben relativ lächerliche Macht, die aber doch gewichtig genug ist, um Dritte kurzzeitig dazu zu nötigen, ihr normales Verhalten zu unterbrechen.

Der Krach bedeutet also: „Schaut her, ich schere mich nicht um eure Konventionen. Ich bestimme darüber, was ich tue, und ihr könnt euch höchstens darüber aufregen." Das ist typisch für die jugendliche Sozialisation oder ein frühadultes Rebellentum zwecks Identitätsfindung. Auf gut Deutsch: Es ist nur eine Phase, und dementsprechend ist es auch nur eine Frage der Zeit, bis sich diese Herrschaften auf der anderen Seite des Szenarios wiederfinden. Ungeachtet dessen ist der akute Krach schlicht ein teures Signal, denn er ist durchaus geeignet, seinem Verursacher Ärger zu bereiten — sei es Gegenwehr der Menschen aus dem Einflussbereich seiner Lautsprecher oder ein Bußgeld aufgrund von Lärmbelästigung. Im Kreise derer, die das Verstoßen gegen gesellschaftliche Regeln als Leistung empfinden, kann sich der Krachmacher jedoch eine gewisse Anerkennung verdienen.

▶ Modegefangene

Falltüren hat das Handicap-Prinzip keineswegs nur in seltenen Ausnahmezuständen. Sie sind, ganz im Gegenteil, fast ständig präsent. Je mehr man nach ihnen sucht, desto häufiger wird man ihrer gewahr.

In einem frühen Interview sagte Barbara Becker (die Ex-Ehefrau von Boris Becker), dass es ziemlich furchtbar sei, all diese Frauen berühmter Männer zu sehen, die entweder im Schlankheitswahn oder kaufsüchtig seien: eine Beurteilung, der man sich als nicht prominenter Bürger gerne anschließt. In beiden Fällen handelt es sich um zwanghafte Verhaltensweisen, die das Leben keineswegs lebenswerter machen. Und: Beide Phänomene stehen direkt mit dem Handicap-Prinzip in Verbindung. Sie können als pathologische Extremformen ursprünglich funktionaler teurer Signale begriffen werden.

Betrachten wir zuerst den Kaufzwang. So genannte Modegefangene, zumeist Frauen, werden davon getrieben, sich beständig neu einkleiden zu müssen. In den extremsten Fällen geht dies so weit, dass jedes Kleidungsstück nur einmal getragen wird, weil es — ganz gleich, wie es aussieht — mit einem frisch gekauften Teil nicht konkurrieren kann. Befriedigend ist es nur, Neues auf der Haut zu tragen. Wenn irgend möglich, sollte es sich zudem um Kreationen handeln, die kein anderer hat. Bei einem derartigen Verhalten liegt es nahe, von einem bedauerlichen Opfer der Werbung zu sprechen: einer Person, die zu naiv ist, zu erkennen, dass die Dinge nicht mit den Gefühlen geliefert werden, die ihnen Marketingspezialisten andichten. Diese Erklärung hat einen gewissen Appeal, geht jedoch an dem Zusammenhang vorbei, den wir hinter diesem Verhalten sehen. Der beständige Wandel der Mode führt dazu, dass Signale dem Verfall unterliegen. So kann ein Outfit aus der letzten Saison Zweifel am ästhetischen Urteilsvermögen, aber auch an den ökonomischen Möglichkeiten seiner Trägerin nach sich ziehen. Natürlich müssen derartige Erwägungen nicht zwangsläufig in den Kaufrausch führen. Viele Menschen haben Lieblingskleidungsstücke, die sie immer und immer wieder anziehen. In einigen Fällen siegt jedoch ein sich absurd übersteigernder Handicap-Mechanismus: Nur was neu ist, ist gut. Jeder Neukauf hebt kurzfristig das Selbstwertgefühl, aber da das Hoch — wie beim Drogenkonsum — schnell verfliegt, muss der Stimulus beständig erneuert werden. Aus der Perspektive des evolutionären Psychologen stellt sich dieser Ablauf als ein Teufelskreis von Fitness-Signalen dar, als eine unausgesetzte Inflation in der Bewertung eigener Signale.

Das gute Gefühl, das sich mit dem Besitz und dem Tragen von etwas Neuem einstellt, hält bei Modegefangenen nur minimale Zeit. Die teuren Signale, die verborgene Qualitäten signalisieren und somit Garanten für soziale Anerkennung sind, verlieren in ihren Augen über Nacht ihre Wirkung. Nur der Erwerb von neuen Kleidungsstücken verschafft ihnen erneut kurzfristig Befriedigung.

Bei diesen Getriebenen ist ein Mechanismus, der normalerweise einen großen Teil unserer nonverbalen Kommunikation bestimmt, aus dem Ruder gelaufen. Die Relation von Mitteln und Ziel, nach der man jede Handlung untersuchen kann, verschiebt sich hier in Richtung eines exzessiven Verbrauchs von Mitteln. Der resultierende Effekt wird diesem immensen Ressourceneinsatz keinesfalls gerecht. Zwar erhalten distanzierte Beobachter ein Bild, das weder von Verarmung noch von Verwahrlosung zeugt. Menschen, zu denen des Öfteren Kontakte bestehen, bleibt der zwanghafte Zug der textilen Akkuratesse aber wohl nicht lange verborgen. An diesem Punkt kippt die Funktionalität des Fitness-Signals, und der so offensichtliche Aufwand wandelt sich vom Qualitätsmerkmal zum Makel. Das von der Umwelt wahrgenommene Bild wandelt sich vom souverän agierenden Individuum zum Mittel und Zeit vergeudenden Neurotiker.

In diesem Fall versagt das Handicap-Prinzip nicht nur, es wendet sich vielmehr gegen seinen Nutzer. Das angestrebte Ziel — der positive Effekt der Botschaft in den Köpfen der anderen Menschen — tritt in den Hintergrund; das unausgesetzte und ausufernde Investieren in teure Signale wird zum Selbstzweck.

▶ Schlankheitswahn

Wenden wir uns der zweiten Hälfte der Äußerung von Barbara Becker zu, mit der wir den vorigen Abschnitt begannen. Was hat es mit den Frauen auf sich, deren Lebenssinn darin besteht, schlank zu sein? Was hat wenig oder nichts essen mit einem teuren Signal zu tun? Man sollte doch meinen, dass es sich hier um ein wirklich billiges Signal handelt: Wer nichts isst, kann sich das Geld für Müsli, Kaviar, Schokolade, Trüffel und was auch immer sparen.

Das mag auf den ersten Blick plausibel erscheinen, auf den zweiten ist es schlichtweg falsch. Schlankheit ist in unserer heutigen Gesellschaft ein eindeutig teures Signal, das zudem ebenfalls die Gefahr in sich birgt, zum Selbstläufer zu werden.

Der analytische Stolperstein an dieser Stelle liegt in der vorschnellen Gleichsetzung der Kosten, von denen im Rahmen des Handicap-Prinzips die Rede ist, mit finanziellen Aufwendungen. Teure Signale heißen nicht nur so, weil sie Euro, Dollar oder Yen verbrauchen können: Es geht in einem viel allgemeineren Sinn um den Verbrauch unterschiedlichster Ressourcen. Zwar muss man einräumen, dass in den modernen Gesellschaften das Geld eine sehr gewichtige Form der Aufwendung ist — die einzige ist es jedoch nicht. Die überwiegende Mehrheit der Bevölkerung der westlichen Welt kann sich heute problemlos genügend Nahrung leisten, um den Körperfettanteil mittel- oder langfristig auf das Niveau einer so genannten Zivilisationskrankheit ansteigen zu lassen.

Unterstützt wird diese Möglichkeit von einer Hinterlassenschaft unserer prähistorischen Vergangenheit, nämlich unserem Geschmackssinn. In den rauen und kargen Zeiten, die unsere Vorfahren über Millionen von Jahren durchlebten, bildeten sich in unseren Gehirnen neuronale Verschaltungen, die den Verzehr von zucker- und fettreichen Nahrungsmitteln mit besonders angenehmen Geschmackserlebnissen belohnen.

Arrangieren wir diese beiden Faktoren zu einer Gleichung, dann liest sich diese wie folgt: Die Bewohner der Industrieländer können sich in der überwiegenden Mehrheit eine Ernährung leisten, die weit über das physiologisch Notwendige hinausgeht, und wir Menschen haben eine evolutionär bedingte Neigung, Dinge zu essen, die dick machen. Daraus folgt: Übergewicht und Fettleibigkeit sind praktisch unausweichliche Begleiterscheinungen moderner Wohlstandsgesellschaften. Halb zieht es uns (fast jeder kann sich kalorienreiches Essen leisten), halb sinken wir hin (und es schmeckt doch so gut).

Dieser Darstellung wird vermutlich niemand widersprechen, aber trotzdem bleibt noch im Dunkeln, warum eine schlanke, sportliche Figur ein teures Signal ist. Verständlich wird dies erst, wenn man die finanziellen Kosten ausblendet und sein Augenmerk auf die Faktoren Selbstdisziplin und Zeit lenkt.[2] Dazu sollte man sich in Erinnerung rufen, dass Handicap-Signale dazu dienen, verlässliche Sozialpartner zu finden, indem man sich selbst als solchen präsentiert. Welchen Vorteil hat es, in dieser allseitigen Suche als Mensch aufzutreten, der kaum Fettreserven hat? Warum soll ich schlank sein, um als verlässlicher Interaktionspartner zu erscheinen? Die Antwort ist: Weil ich damit in einer kalorienüberfluteten Gesellschaft Disziplin beweise. Nur wer dem ständigen Bombardement mit Snacks und Leckereien widersteht, kann langfristig eine Expansion seiner Körpermaße verhindern. Diese für die Umwelt offensichtliche Unnachgiebigkeit gegenüber unserem evolutionär eingepflanzten Imperativ „Iss, die Zeiten könnten schlechter werden!" kündet von einem Geist, der sich nicht den leichtesten aller Wege aussucht, sondern sein Leben ganz gezielt gestaltet. Menschen von dieser Entschlossenheit und Zielstrebigkeit sind potenzielle Traumpartner im sozialen Miteinander. Wer sich selbst gegenüber Disziplin walten lässt, von dem ist zu erwarten, dass er auch das Erreichen gemeinsamer Ziele mit ähnlicher Unnachgiebigkeit angehen wird.

Auch der Faktor Zeit muss an dieser Stelle berücksichtigt werden. Ein großer Teil der schlanken Menschen in den Industrieländern nimmt nicht nur in puncto Ernährungsdisziplin Kosten auf sich, sondern wendet viel Zeit auf, um unseren ästhetischen Idealen nahe zu kommen. Die seit Jahren boomende Fitnessbranche ist der direkte Nutznießer dieser Entwicklung. Die Menschen wollen nicht einfach schlank und fit *sein*, sondern vor allem auf andere schlank und fit *wirken*. Zwar wird es nach wie vor diejenigen geben, die Sport aus purem Spaß oder wegen des durch die Endorphine ausgelösten Glücksgefühls betreiben, doch der Anteil derer, die Sport treiben, um Eindruck zu schinden, dürfte beständig im Steigen begriffen sein.

Wir haben ein Beispiel, das in unseren Augen diese Entwicklung sehr schön veranschaulicht: Wenn Sie Bilder von Models aus den Fünfzigerjahren des letzten Jahrhunderts mit den heutigen Schönheiten der Modewelt vergleichen, wird Ihnen wahrscheinlich auffallen, dass die Models damals nach heutigen Maßstäben richtig pummelig waren. Wenn man die unterschiedlichen Kleider, Frisuren und Make-ups abzieht, kommt man unweigerlich zu dem Ergebnis, dass das, was damals über die Laufstege wandelte, heute eine potenzielle Zielgruppe für Schlankheitsprodukte wäre. Wie konnte es dazu kommen? Die genetische Ausstattung der Menschen hat sich in den vergangenen 50 Jahren nicht geändert. Das Angebot an Nahrungsmitteln ist dagegen explosionsartig angewachsen. Warum also sind die heutigen Traumfrauen so viel dünner als noch vor fünf Jahrzehnten? Der Grund liegt in unseren Augen in einem eindeutigen Wertzuwachs dieses Signals. In den Fünfzigerjahren war Übergewicht ein gesellschaftlich zu vernachlässigendes Problem. Lebensmittel waren vergleichsweise teuer und längst nicht in der heutigen Fülle vorhanden. Schlank zu sein, war als Signal vergleichsweise wertlos.

Heute dagegen, in einer Gesellschaft, deren Individuen ihre Personenwaagen immer mehr ihren mechanischen Grenzen entgegentreiben, ist Schlankheit ein Signal, das von der Umwelt wahrgenommen und honoriert wird. Dementsprechend lohnt es sich, in dieses Signal zu investieren: zum einen durch die Disziplin, derer es bedarf, um eine niedrige Kalorienversorgung aufrechtzuerhalten, und zum anderen durch die Zeit, die man benötigt, um das gewünschte Erscheinungsbild zu erzielen.

Schlanksein ist also deshalb ein teures Signal, weil es in unserer Gesellschaft fast unausweichlich ist, Pfunde anzusetzen. Der moderne Mensch befindet sich sozusagen in einem Teufelskreis aus Überangebot und Lust an der Überernährung. Wer es schafft, sich diesem Teufelskreis zu widersetzen, sendet ein unübersehbares Signal der Zielstrebigkeit und Dynamik an seine Umwelt.

Bedauerlicherweise gibt es auch bei dieser Signalvariante mögliche Veränderungen im Mechanismus, die zu eindeutig negativ zu beurteilenden Ergebnissen führen. So kann es zu einer Umwertung kommen, in der ein positives Gefühl nicht mehr aus den bewundernden Blicken anderer resultiert, sondern primär aus der nicht zu sich genommenen Nahrung. Jeder nicht gegessene Bissen ist ein Triumph der Selbstdisziplin, ein Sieg über den eigenen Körper. Das ursprüngliche Signal und die einst beabsichtigten Reaktionen Dritter sind in den Hintergrund getreten und einer Ersatzbefriedigung gewichen, die lebensbedrohlich sein kann. „Ich esse nichts, also bin ich siegreich, schön und gut", lautet — überspitzt formuliert — das pathologische Credo in den Köpfen dieser Menschen. Psychologen führen Magersucht unter anderem auf Selbstbildstörungen und Geschlechtsrollenverweigerung zurück. Wir wollen weder diesen Ansätzen noch der evolutionären Interpretation widersprechen, die in der Magersucht eine adaptive Notstrategie vor allem junger Frauen angesichts sozio-ökologisch eingeengter Handlungsspielräume zu erkennen glaubt.[3] Es ist jedoch gut denkbar, dass bei einem so komplexen Phänomen wie dem pathologischen Hungern auch das Handicap-Prinzip geeignet ist, Licht in die fraglichen Zusammenhänge zu bringen. Auf diese Weise wird ein Verständnis des inneren, wohlgemerkt unbewussten Mechanismus des mitunter lebensbedrohlichen Phänomens möglich. Langfristig könnten aus diesem Ansatz vielleicht neue, wirksamere Therapieformen hervorgehen.

► Schuldenkrise

Das Handicap-Prinzip begegnet uns auch an einer Stelle, die so kulturverhaftet scheint, dass es im ersten Moment schwer fällt, hier das Wirken eines biologisch evolvierten Mechanismus zu attestieren. Wir sprechen von der gesellschaftlichen Praxis des Schuldenmachens. Dabei geht es uns nicht so sehr um Staatshaushalte oder Kapitalgesellschaften, sondern um das finanzielle Gebaren des einzelnen Bürgers.

Im Rahmen der biologischen Begriffe, mit denen das Handicap-Prinzip formuliert wurde, handelt es sich bei Geld um eine Ressource, und die Menge der Ressourcen, über die ein Individuum verfügt, legt fest, welche Signale es sich leisten kann. Das ist der Kern unseres Analyseansatzes: Teure Signale sind ehrlich, weil sie nur auf die tatsächlich vorhandenen Ressourcen bauen können.

Dies gilt für das gesamte Tierreich, aber der Mensch mit seiner Kultur hat eine Möglichkeit gefunden, die Ehrlichkeitsgarantie der teuren Signale gewissermaßen partiell auszuhebeln: das Kreditwesen. Warum soll man sich nicht das Geld leihen, das man benötigt, um in diesem oder jenem Zusammenhang einen guten Eindruck zu machen? Warum sich nicht einmal mit fremden Federn schmücken, wenn man in der Folge dann alles wieder ins Lot bringt?

Das Kreditwesen ist zweifellos eine der Falltüren, die das Handicap-Prinzip im Walten unserer Vernunft versteckt hat. Zwar gehen viele Menschen vernünftig und im besten kaufmännischen Sinn hochanständig mit geliehenem Geld um, doch es gibt auch diejenigen, bei denen die Neigung zu teuren Signalen, der Wunsch nach gesellschaftlicher Anerkennung und Prestige triumphiert. Dieser Wunsch ist nur allzu verständlich, denn welchen Sinn hat ein Leben, wenn es nicht gelingt, Kontakt zu den Menschen aufzubauen und zu halten, die einem als Publikum wichtig sind.

Sie werden jetzt sagen: „Aber das hat doch nichts mit Geld zu tun! Zwischenmenschliche Kontakte entstehen, weil man sich versteht oder weil man eine ähnliche Wellenlänge hat." Dem wollen wir nicht widersprechen. Wir wollen aber die so gern gehegte Vorstellung, dass es nur auf den Menschen ankomme, einschränken. Auf den Menschen kommt es nämlich zumeist erst dann an, wenn man anhand der sichtbaren Signale zur Einsicht gelangt ist, dass es sich um einen potenziellen Sozialpartner handelt. Stellen Sie sich folgende Situation vor: Sie befinden sich in einem wunderschönen Park an einem lang gezogenen Berghang. Die letzten Strahlen der Sonne, die jenseits der Ebene, die Sie überblicken, untergeht, tauchen alles in ein Licht von unendlicher Klarheit. Am Himmel fließen Rot, Gold und zarteste Rosatöne ineinander. In sich versunken stehen Sie da und genießen dieses makellose Ende eines Tages. Auf einmal humpelt eine Gestalt auf Sie zu, ein Mann fortgeschrittenen Alters mit dreckigen Kleidern und verfilzten Haaren. Sie sehen die schrundige Haut auf den Handrücken und die tiefschwarzen Fingernägel. Ein furchtbarer Geruch umfängt Sie, und als der Ihnen inzwischen schon zu nahe Gekommene das Wort an Sie richtet, wird dieser noch von einer beeindruckenden Alkoholfahne überlagert. Was denken Sie in diesem Moment? Wie schätzen Sie die Situation ein? Wären Sie überrascht, wenn dieses Subjekt Sie um Geld bitten würde? Wahrscheinlich nicht. Was aber, wenn ihr Gegenüber den Blick der untergehenden Sonne zuwendet und sagt: „Ist es nicht wie eine Hommage an Casper David

Friedrich? Diese alles durchdringende Ahnung, dass es mehr gibt als die täglichen Wege von A nach B! Diese leuchtende Gewissheit, dass es letztendlich nicht der Tod ist, dem wir entgegenschreiten, sondern etwas Höheres, das uns hinanzieht!" Ihr Gegenüber sucht kurz Ihren Augenkontakt und lässt dann seinen Blick wieder in die Ferne schweifen. „Es sind Momente wie dieser, die dieses kostbare Gefühl des Wissens um Sinn und Ziel des menschlichen Lebens in sich tragen, die ich so liebe. Und Sie?"

Gute Frage! Was tun Sie? Wir möchten behaupten, dass Sie sich in der geschilderten Situation keinesfalls ganz entspannt auf ein angeregtes Gespräch über die majestätische Größe des Augenblicks einlassen würden. Zumindest würden Sie sich im Hinterkopf fragen: „Was will dieser Mensch?"

Sinn dieses Gedankenexperimentes war es, Ihnen vorzuführen, dass wir in unserem Alltag sehr wohl auf Signale achten. Wir sind nur dann bereit, ohne Misstrauen eine schöne Seele als solche wahrzunehmen, wenn die Verpackung dieses ätherischen Objekts unseren Maßstäben genügt. Zugegeben, unser Beispiel hat einen Kontrast heraufbeschworen, dem wir so nur sehr selten begegnen. Aber gerade deshalb zeigt es so anschaulich, wie sehr wir von sichtbaren Signalen abhängig sind, die uns von unsichtbaren Qualitäten künden.

Am Anfang jeder Kommunikation sind es Äußerlichkeiten, die wir eruieren, um auf diese Weise einen ersten und gewichtigen Eindruck von unserem Gegenüber zu erhalten. Man mag einwenden, dass ein derart dünkelhaftes Beäugen anderer doch nun wirklich der Vergangenheit angehören sollte. War es nicht schon das europäische Zeitalter der Aufklärung, das eine solche Standesbegutachtung anachronistisch erscheinen ließ? Und viel mehr noch sind in diesem Zusammenhang die Emanzipations- und Bürgerrechtsbewegungen des 20. Jahrhunderts zu nennen. All dies hat das Wesen des Menschen ins Zentrum gerückt und äußere Aspekte immer weiter ins Abseits gedrängt. Dieser Einwand ist nicht unberechtigt, was wir gerne zugestehen, und dennoch ist der archaische Mechanismus der Beurteilung unserer Umwelt nach Handicap-Signalen nach wie vor ungebrochen in uns aktiv.

Wir beurteilen unsere Mitmenschen zu einem sehr großen Teil aufgrund der teuren Signale, die sie uns zeigen. Dies kann einerseits der zeitaufwendige, ehrenamtliche Einsatz für karitative Zwecke sein, der das hohe ethische Niveau eines Menschen sichtbar macht — nebenbei aber auch unzweifelhaft bezeugt, dass dieser Mensch es sich leisten kann, Zeit in Tätigkeiten zu investieren, die nicht zum Lebensunterhalt beitragen. Auf der anderen Seite sind aber auch alle Produkte, die man öffentlich zur Schau stellen kann, prädestiniert, Auskunft über die finanziellen Verhältnisse ihres Besitzers zu geben.

Die Urteilsblaupausen, die sich aus dem Handicap-Prinzip ergeben, sind tief in unser strukturell steinzeitliches Gehirn eingebrannt. Wer vor unseren Augen demonstrativ viele Ressourcen verbraucht, von dem nehmen wir an, dass er oder sie insgesamt mehr zu bieten hat als die Konkurrenz. Und damit steht unsere Wahl fest.

In einer Gesellschaft, die es dem Einzelnen ermöglicht, sich Ressourcen zu leihen, kann dieser Mechanismus zu einem Risiko werden. Schließlich lautet der dem Handicap-Prinzip innewohnende Befehl: Setze so viele Ressourcen wie irgend möglich in Form gut sichtbarer Signale ein. Überspitzt ausgedrückt haben wir einen genetischen Schalter fürs Schuldenmachen. Zwar gibt es kein konkretes Gen, das dafür verantwortlich gemacht werden könnte, wenn man seinen Dispositionskredit überzieht. Das Erbgut, das ja auch den Bauplan für unser Gehirn umfasst, baut dieses Organ aber stets so auf, dass zum einen teure Signale eine bevorzugte Handlungsmöglichkeit sind und wir zum anderen die Welt permanent durch die Handicap-Brille in Augenschein nehmen.

Wer es nicht schafft, der psychologischen Versuchung des Handicap-Prinzips zu widerstehen, wird seine Situation mitunter nicht verbessern, sondern verschlechtern. Die Inanspruchnahme fremder Ressourcen ist nämlich nicht folgenlos. Diese müssen vielmehr zuzüglich eines Zinses zurückgezahlt werden: ein seit Jahrhunderten etabliertes Finanzinstrument, das sich jedoch zur Existenz bedrohenden Schuldenfalle entwickeln kann, wenn der Abtrag der

Verbindlichkeiten mit deren Anwachsen nicht mehr Schritt halten kann.

„Wie kann jemand nur so dumm sein?", heißt es oft, wenn über die finanziellen Miseren anderer geredet wird. Dabei sind Schulden nicht primär eine Folge mangelnder Intelligenz. Vielmehr siegt mitunter die Logik des Handicap-Prinzips über die Logik der Nützlichkeit. Dass manche Menschen in den Augen anderer in fragwürdiger oder manchmal auch wahnwitziger Manier mit Geld umgehen, das ihnen gar nicht gehört, hat seine Gründe nicht nur im jeweiligen Individuum, sondern in den Fallstricken einer Erfolgsstrategie, die seit Millionen von Jahren dem Leben auf unserem Planeten ihren Stempel aufdrückt. Teure Signale waren immer das Mittel der Wahl, um sich innerhalb der bestehenden Konkurrenz hervorzutun, aber im Tierreich war in diesem Kommunikationsmodus Betrug ausgeschlossen. Erst die menschliche Kultur schuf die Möglichkeit, sich mit fremden Federn zu schmücken und so Botschaften auszusenden, die man sich eigentlich nicht leisten kann.

Natürlich handelt es sich bei privatem Missmanagement um Unvernunft. Die Berücksichtigung des Handicap-Prinzips sollte aber dazu führen, dass man Menschen, die sich in solche Situationen bringen, zu verstehen beginnt und sie darin unterstützt, ihr Verlangen nach teuren Signalen besser zu kontrollieren. So wie die biologische Ausstattung des Menschen das Übergewicht in modernen Gesellschaften fördert, genau so fördert sie auch die übermäßige Verschuldung: ein Zusammenhang von Evolution und menschlichem Finanzgebaren, der befremdlich scheinen mag, bei genauerer Betrachtung aber klar macht, wie nahe wir Menschen nach wie vor unserer stammesgeschichtlichen Vergangenheit stehen.

▶ Im Anfang war die Tat – oder: Wie der Angeber dem Großmaul überlegen ist

„Zuhause haben alle kleinen Jungs Klicker." Diesen Satz benutzt einer unserer Freunde mitunter, wenn er an der Wahrheit einer Aussage seine Zweifel hat. Ein sehr eleganter Verweis, wie wir finden: kein direkter Vorwurf, eher eine Formulierung, die der Aufmerksamkeit vieler entgehen mag, weil sie vordergründig nichts mit der jeweiligen Situation zu tun hat. Wer aber das darin beschriebene Bild vor seinem inneren Auge Wirklichkeit werden lässt, dem wird ganz eindeutig klar, was hier gemeint ist: „Der da ist ein Großmaul, und das, was dieser Mensch sagt, entspricht wahrscheinlich nicht der Wahrheit."

Klicker oder Murmeln oder wie auch immer man diese gläsernen Spielkugeln nennt, sind hervorragende Objekte, um deutlich zu machen, worum es geht. Sie kennen das: Die Jungmänner, die sich irgendwo zwischen Pampers- und Pubertätsphase befinden, versuchen sich gegenseitig zu beeindrucken. Eine der in diesem Zusammenhang gerne gebrauchten Formulierungen ist: „Zuhause habe ich aber…" Klingt gut, nicht? Aber was kann man darauf geben? Sicherlich mag es Heranwachsende geben, die getreulich nur von dem berichten, was sich auch wirklich in ihrem Besitz befindet. Wie aber jeder — und wir denken aus eigener Erfahrung — weiß, gibt es auch diejenigen, die eine solche Situation ausnutzen und mit dem Anschein größtmöglicher Seriosität das Blaue vom Himmel herunterlügen. Großmäuler eben.

Bei kleinen Jungs ist so etwas entschuldbar, ja es wäre schon fast beängstigend, wenn nicht mitunter derartige Verbalkonkurrenzen ausgetragen würden. Bei Erwachsenen sieht das anders aus. Wenn wir mit anderen Menschen Umgang pflegen, die sich sowohl die Schuhe selbst binden, als auch wählen und autofahren dürfen, sind wir daran interessiert, ehrliche Informationen zu erhalten. Wir wollen möglichst genau wissen, wen wir da vor uns haben, denn nur auf dieser Grundlage können wir zielorientiert und mit wirklichen Erfolgsaussichten agieren. Aus der Sicht des Empfängers einer Botschaft steht eindeutig fest: Wir brauchen keine Großmäuler, die uns Lügen auftischen. Ein nicht erkannter Interaktionspartner dieses Typs stellt für uns ein erhebliches ökonomisches oder soziales Risiko dar.

Und wieder befinden wir uns an einer Fallgrube, die eine unendlich kreative Evolution uns Menschen gegraben hat. Erst mit uns Menschen kam der Nährboden für solche Lügengewächse in die Welt: die Sprache. So überraschend diese Verbindung erscheinen mag, ein besseres Werkzeug, um die Ehrlichkeit, die im Kern des Handicap-Prinzips steht, zu korrumpieren, scheint nicht denkbar. Warum? Durch Sprache kann man anderen Menschen Qualitäten und Ressourcen vorgaukeln, über die man in Wirklichkeit gar nicht verfügt — eben die Murmeln, die dummerweise gerade zu Hause liegen.

Der Anthropologe Chris Knight hat diesen Gedanken auf die Spitze getrieben und ist der Fragestellung nachgegangen, warum es überhaupt Sprache gibt. Wenn man es einmal genauer bedenkt, scheint es überhaupt keinen Grund für das Fortbestehen dieses Kommunikationssystems zu geben. Was genau er mit dieser Behauptung meint, führt er am Beispiel von Menschenaffen aus. Diese sind, in seinen Augen »zu clever für Worte«.[4] Dass es diesen bekanntermaßen intelligenten Tieren nicht an Fähigkeiten fehlt, um mit Symbolen, wie es ja auch Worte sind, umzugehen, haben in den vergangenen Jahrzehnten zahlreiche Studien bewiesen.

Denn genau das ist es, was uns Menschen von unseren nächsten Verwandten im Tierreich unterscheidet: Wir besitzen eine Kultur, in deren Kern der Austausch von Symbolen steht. Unser Zusammenleben wäre ohne eine derartige Möglichkeit noch nicht einmal in Ansätzen denkbar. Ein Symbol ist im Fall der Sprache ein Wort, das ein Ding oder einen Zusammenhang in der Welt bezeichnet. Ganz pragmatisch könnte man sagen, dass unterschiedliche Laut- oder Zeichenfolgen über unterschiedliche Bedeutungen verfügen — Bedeutungen, die zum Teil sehr anschaulich sind, wie im Fall des Wortes „Banane", die aber auch hochkompliziert sein können wie beispielsweise das Wort „Metaphysik".

Dass Knight den Menschenaffen attestiert, sie seien zu clever für Worte, scheint irritierend und angesichts unserer engen Verwandtschaft und der ganz offensichtlichen Unterschiede in der Lebensweise und Kultur sehr fraglich. Betrachtet man seine Analyse jedoch näher, wird deutlich, dass es einen bislang viel zu wenig beachteten Unterschied zwischen diesen doch so nahe verwandten Spezies gibt: Die Menschenaffen verfügen über so gut wie keine Handicap-Signale. Eine der wenigen Ausnahmen ist vielleicht die auffällige Anogenitalschwellung der fruchtbaren Schimpansenweibchen, die man auch von den Pavianen kennt.[5] Ansonsten findet das Prinzip von teuren und somit ehrlichen Signalen bei unseren nächsten Verwandten offensichtlich so gut wie keine Anwendung.

Dieser Unterschied hat zur Konsequenz, dass der Besitz von Sprache für Menschenaffen keinen Gewinn mit sich brächte und somit nutzlos wäre. Die Lautäußerungen, die man im sozialen Umgang mit den Tieren beobachten kann, entsprechen nicht unseren menschlichen Worten. Ein derartiger Ruf verweist zwar, genau wie ein Wort, auf etwas anderes als sich selbst, bezieht sich aber nur auf Dinge und Zusammenhänge, die sich in der direkten Umgebung befinden. Ein jeder, der dieses Signal vernimmt, kann somit augenblicklich kontrollieren, ob es der Wahrheit entspricht.

»Das Problem«, so schreibt Chris Knight, »ist somit, dass konventionelle Signale auf Vertrauen beruhen, wobei es aber so ist, dass die Tiere, die intelligent genug sind, diese zu nutzen, auch intelligent genug sind, dieses Vertrauen für ihre eigenen Zwecke auszunutzen.«[6] Mit den konventionellen Signalen ist hier die Sprache gemeint, die bei den Menschenaffen nicht als Verständigungswerkzeug genutzt werden kann, weil die Vorteile ihres Gebrauchs durch die Nachteile ihres Missbrauchs vollständig zunichte gemacht würden.

Lassen Sie uns diese Situation einmal kurz durchspielen. Stellen Sie sich vor, Sie wären ein Menschenaffe und würden Ihr Leben in einem Gruppenverband von Artgenossen verbringen. Ihre geniale Idee wäre es nun, Sprache einzuführen, um die Verständigung effizienter und die Gruppe als Ganzes erfolgreicher zu machen. Die näheren Umstände können wir hier außer Acht lassen. Wenn Sie nun ihre Mitaffen auf eine Futterquelle hinweisen, die außerhalb des direkten Wahrnehmungsbereiches liegt, warum sollten sie Ihnen glauben? Affen sind sehr strategische und auf den eigenen Vorteil bedachte Wesen. Eine bloße Verheißung von Nahrung ist in diesem Zusammenhang nichts wert. Woher sollten die Zuhörer wissen, dass sie der Botschaft trauen können? Anders als bei den sonst üblichen, lediglich auf etwas hinweisenden Rufen entfällt im Fall einer solchen sprachlichen Nachricht die Möglichkeit, diese augenblicklich zu überprüfen. Und wer immer sich auf ein blindes Glauben des Gesagten einließe, liefe Gefahr, aufgrund dieses Glaubens an nicht direkt zu bestätigende Sachverhalte ausgenutzt zu werden. So könnte man in der Tat sagen, die Affen haben gut daran getan, sich nicht auf die Sprache einzulassen, obwohl ihre Gehirne — wie es scheint — durchaus für die Handhabung eines so komplexen Systems geeignet wären.

Warum aber haben wir Menschen Sprache? Was ist bei uns anders als bei unseren äffischen Verwandten? Der Nutzen dieses Kommunikationssystems steht außer Zweifel: wertvolle Informationen an vertrauensvolle Zuhörer mit hoher Geschwindigkeit weiterzugeben.[7] Doch wie konnte es dazu kommen, dass der Nutzen dieses offensichtlich doch so fragilen Werkzeugs den Sieg über den scheinbar allzeit möglichen Missbrauch davontragen konnte? Worte sind billige Signale, sie verbrauchen keine Ressourcen und bringen deshalb für das Individuum, das sie äußert, keine Kosten mit sich. Eine ehrliche Aussage unterscheidet sich darin nicht von einem Betrugsversuch. In beiden Fällen erweist sich erst im Nachhinein, was von einer Äußerung oder Mitteilung zu halten ist. Eine gefährliche Unsicherheit, wenn man sein Leben darauf bauen will (und muss).

Chris Knight ist bei seinen Untersuchungen auf den in dieser Frage entscheidenden Unterschied zwischen Menschen- und Affengesellschaften gestoßen: Menschen verfügen über Rituale. Und diese erlauben es, die »Machiavellische Politik der Primaten«[8] so zu modifizieren, dass die Sprache von einer ökonomisch uninteressanten Handlungsoption zu einem klaren Wettbewerbsvorteil wird. Dazu muss die sprachliche Interaktion auf einer Basis stattfinden, die Kosten mit sich bringt und deshalb Ehrlichkeit gewährleistet. Genau dies ist die Leistung all der Rituale, die sich in den verschiedensten Kulturgemeinschaften der Erde herausgebildet haben. Sie fordern von denen, die sich ihnen unterziehen, Kosten ein. Und sie ziehen eine klare Grenze zwischen den Angehörigen einer Gruppe und jenen, die ihr nicht angehören: Ein jeder, der sich einem Ritual unterzieht, investiert bei diesem Vorgang, um von den anderen Mitgliedern einer Gemeinschaft als Gleicher wahrgenommen und behandelt zu werden. Auf diese Weise entsteht ein gemeinsames und von allen Gruppenangehörigen geteiltes Selbstbild, das wohl am ehesten mystischen oder religiösen Kategorien zuzuordnen ist. Dieser Bezug auf einen »Elenantilopenbullen, eine Regenbogenschlange oder ein Totem«[9] schafft die Basis für eine erfolgreiche sprachliche Kommunikation.

Die Kosten des Rituals sind gewissermaßen die Bürgschaft dafür, dass die weitere Verständigung innerhalb der Gruppe, obwohl mit dem billigen Mittel der Sprache geführt, weitgehend aufrichtig abläuft. Der Ressourceneinsatz, den jeder Einzelne zu erbringen hat, wird im Weiteren durch eine effiziente und sichere Kommunikation belohnt: ein Effizienzgewinn, der geeignet ist, die anfänglichen Kosten als höchst sinnvolle Investition erscheinen zu lassen. Wer immer es riskiert, vom Gebot der Ehrlichkeit gegenüber anderen Gruppenmitgliedern abzuweichen, läuft Gefahr, ausgeschlossen zu werden und so seiner gesamten kommunikativen Vorteile verlustig zu gehen. Dass sich an diesem gesellschaftlichen Umgang mit Wahrheit und Lüge bis zum heutigen Tage nichts Grundsätzliches geändert hat, wird deutlich, wenn man das Sprichwort, „Wer einmal lügt, dem glaubt man nicht, und wenn er auch die Wahrheit spricht" näher betrachtet. Hier wird genau der Ausschlussmechanismus formuliert, der soeben für frühmenschliche Gesellschaften dargestellt wurde.

Das so wunderbar handliche Medium Sprache, das es uns erlaubt, stets auf unsere Qualitäten zu verweisen, ohne diese teuer anzeigen zu müssen, erlaubt auch denen von Qualitäten zu reden, die diese gar nicht besitzen. Und genau diese strategische Lücke innerhalb unserer alltäglichen Kommunikationspraxis nutzen alle Großmäuler. Was sie praktizieren, ist kein aufrichtiges Angeben des Vorhandenen, sondern Betrug: wissentliche und gezielte Irreführung anderer. Eine Verhaltensweise, die sowohl rechtlich als auch moralisch geächtet wird — neuzeitliche Entsprechungen des ehemaligen Ausschlusses aus der Kommunikationsgemeinschaft.

Diese Sanktionen wirken zwar den betrügerischen Angebern entgegen — gänzlich verhindern können sie deren Auftreten jedoch nicht. Grund hierfür sind die im wahrsten Sinne des Wortes unverdienten Gewinne, die sich aus nicht entdeckten Unwahrheiten ergeben können. An dieser Stelle wollen wir Ihnen kurz einen realen Fall von Hochstapelei präsentieren. Gert Postel, ein junger, nicht unintelligenter und im Umgang mit Menschen sehr geschickter Mann, schaffte es zweimal, bei großen Institutionen in Deutschland Arztstellen zu ergattern, obwohl er nie Medizin studiert hatte. An die Stelle des Studiums traten in seinem Fall ein glaubhaft gefälschter Lebenslauf und ebenso beeindruckende, aber falsche Zeugnisse, einschließlich zweier gefälschter Doktortitel. Mit seinem gewinnenden Auftreten und einem Grundstock an medizinischem Wissen gelang es dem Briefträger Postel nicht nur, Arbeitsstellen zu erhalten, für die er in keiner Weise qualifiziert war, sondern auch, diese beeindruckend lange innezuhaben — jeweils so lange, bis der Schwindel durch den einen oder anderen Umstand aufflog.

Bis zu diesem (aus seiner Sicht) tragischen Hereinbrechen der Wirklichkeit genoss Postel sowohl das Salär eines Arztes als auch die damit verbundene gesellschaftliche Reputation und Achtung. Dies waren die nicht nur materiellen Gewinne, für die er das hohe Risiko einer so aufwendigen Täuschung auf sich genommen hatte. Und zurückschauend muss man zugeben, dass dieses Risiko sich zumindest eine Zeit lang sehr wohl ausgezahlt hat.[10] Der Fall macht deutlich, welche ganz realen Köpenickiaden mitunter in unserer Welt möglich sind.

Es wird aber auch der Preis deutlich, den Großmäuler zahlen müssen, wenn ihre Opfer die mitunter so aufwendig verborgene Wahrheit erfahren: Ächtung, der Verlust der sozialen Integration und womöglich Klagen und Schadensersatzforderungen — erhebliche Kosten also, die dazu angetan sind, das Leben des Betroffenen dauerhaft zu schädigen. Vom Standpunkt der Gerechtigkeit könnte man sagen, dass nun die Kosten eingefordert werden, deren Androhung normalerweise Menschen von derartigen groß angelegten Täuschungsmanövern abhält. Potenzielle betrügerische Großmäuler haben dies sehr wohl vor Augen, bevor sie sich an ihr manipulatives Werk machen. Und ganz *Homo oeconomicus* stellen auch sie Kosten-Nutzen-Rechnungen an. In ihren Kalkulationen übersteigt jedoch der zu erwartende Nutzen die Kosten des Entlarvungsrisikos. Sie entscheiden sich sozusagen für einen Drahtseilakt ohne Netz. Im günstigsten Fall winkt ein maximaler Gewinn, im schlechtesten Fall die absolute Bloßstellung und Diskreditierung.

Wer vor der Entscheidung steht, ob er die Wahrheit sagen oder eine nicht vorhandene Wahrheit simulieren soll, läuft Gefahr, Opfer unserer biologischen Vergangenheit zu werden. Teure Signale waren immer gut, jedenfalls dann, wenn man sie leichter herstellen konnte als seine Mitbewerber. Auf diese Weise erschloss man sich Sozial- und Paarungspartner und Ressourcen aller Art. Die Sprache jedoch erlaubt es uns Menschen, Botschaften zu produzieren, die teure Signale mit billigen, sprachlichen Mitteln nachbilden. Einstmals, als die Oberfläche dieses Planeten noch vorsprachlichen Lautäußerungen vorbehalten war, galt die Regel „je teurer, je besser", und dieses archaische Erfolgsrezept dürfte in uns Spuren hinterlassen haben. Dies soll keine Entschuldigung für Großmäuler aller Art sein, sondern vielmehr ein Hinweis auf die erstaunliche Leistung unserer Kultur, das Täuschungs- und Betrugspotenzial des so vielgestaltigen Kommunikationsmediums Sprache weitgehend gebannt zu haben.

Auch der von Chris Knight aufgezeigte Zusammenhang zwischen dem Auftreten von Ritualen und dem Einzug der Sprache in unsere Kultur ist noch immer offensichtlich, wenn man den Blick auf die entsprechenden Beispiele richtet: auf die ethnischen, religiösen und nationalen Konflikte, die nach wie vor einem weltweiten friedlichen Miteinander im Weg stehen. Im Zusammenhang derartiger Auseinandersetzungen kommt es immer wieder zu pauschalen Behauptungen, dass dieser oder jener gesellschaftlichen Gruppe nicht zu trauen sei und dass es sich bei deren Angehörigen ausnahmslos um Lügner handle — eine Weltsicht, die sich aufs Genaueste mit dem von Knight vorgeschlagenen Modell zur Entstehung der Sprache deckt: Es gibt keinen Grund, Individuen zu trauen, die sich nicht den jeweils eigenen, Gemeinschaft stiftenden Ritualen unterzogen haben. Wer nicht dazu gehört, dessen Wort gilt nicht viel.

Eine reale Chance auf gegenseitige Verständigung kann in derartigen Situationen nur aus dem Gebrauch von Handicap-Signalen erwachsen. Eine freie Waffenabgabe in einem Bürgerkriegsszenario ist in diesem Sinn nichts anderes als ein teures Signal für den aufrichtigen Willen zum Frieden. Und Verträge sind nur dann mehr wert als das Papier, auf dem sie geschrieben sind, wenn sie auf beiden Seiten von kostenintensiven Maßnahmen begleitet werden, sodass es nicht primär die Worte sind, denen Bedeutung zukommt, sondern die Taten, die es erlauben, die Ernsthaftigkeit zu beurteilen. Nicht umsonst lässt Johann Wolfgang von Goethe in der Studierzimmerszene seinen Doktor Faust bei der Übersetzung der Heiligen Schrift die Wendung »Im Anfang war das Wort« erwägen. »Ich kann das Wort so hoch unmöglich schätzen«, fährt dieser fort, um am Ende in vollster Zufriedenheit mit der Formulierung »Im Anfang war die Tat«[11] zu schließen. In dichterisch vollendeten Versen lässt Goethe hier den unterschiedlichen Bedeutungsgehalt von Worten und Taten offensichtlich werden: Worte klingen schön und lassen auf Handlungen, Zukünfte und Welten hoffen, die ihnen entsprechen. Taten hingegen sind wortlose, unumstößliche und nicht zu leugnende Beweise, dass derjenige, der sie vollbringt, sowohl über die Ressourcen und Kräfte als auch über den erforderlichen Willen verfügt, um wirklich etwas zu vollbringen.

7

In der Wiege der Kultur lag ein Angeber

Lassen Sie uns jetzt für einen Moment von allen in den vorangegangenen Kapiteln angeführten Beispielen absehen und uns stattdessen der generellen Frage zuwenden, welche Bedeutung dem Handicap-Prinzip für ein Verständnis der *conditio humana* grundsätzlich zukommt. Eine Erklärung, die nur bei mehr oder weniger originellen Einzelfällen greift, hätte — genau wie diese — anekdotischen Charakter. Das Handicap-Prinzip leistet jedoch weitaus mehr als eine bloße Anekdotensammlung aus dem fantastischen Reich der Natur. Es eröffnet vielmehr den Blick auf die wahre Triebkraft, die nach unserer Auffassung hinter der Entstehung der ganzen menschlichen Kultur steht: teure Signale in den vielfältigsten Wettbewerbssituationen.

Der letzte gemeinsame Vorfahre von Menschen und Schimpansen lebte vor circa sechs Millionen Jahren. Danach trennte sich eine bis dahin bestehende Fortpflanzungsgemeinschaft in zwei separate Entwicklungslinien. Aus unseren Vorfahren entstanden zum einen die nach wie vor in Wäldern lebenden und heute vom Aussterben bedrohten Schimpansen und Bonobos, zum anderen eine Lebensform, der gegenwärtig mehr als sechs Milliarden Individuen angehören und die sich möglicherweise in nicht allzu ferner Zukunft dafür verantworten muss, dass ihre nächsten Verwandten nur noch in Zoos, Zirkussen und Laboratorien anzutreffen sind. Wie aber kam es überhaupt zu dieser Aufspaltung? Menschen und Schimpansen sind evolutionäre Geschwister. Warum können die einen Apparaturen herstellen, die einen Flug zum Mond ermöglichen, und die anderen gerade mal Nüsse mit einem Stein aufklopfen? Anders gefragt: Warum sitzen wir Menschen nicht immer noch auf den Bäumen?

Wir betrachten gewissermaßen ein historisches Experiment der Natur: Zwei Gruppen von Individuen derselben biologischen Art starten unter identischen Ausgangsbedingungen — und nach ungefähr 400 000 Generationen ist die eine faktisch Beherrscher der Welt und die andere ein biologisches Nischenphänomen. Da die Anfangsgegebenheiten für beide gleich waren, muss man daraus schließen, dass die biologisch erfolgreichere Gruppe auf ihrem Weg zur Gegenwart etwas grundlegend anders gemacht hat als ihre Konkurrenz. Wer nun noch die Ausführungen zur Entstehung der Sprache aus dem vorherigen Kapitel in den Ohren hat, der wird sich daran erinnern, dass im Sozialleben von Menschenaffen Handicap-Signale so gut wie unbekannt sind. Und genau dies ist — so unsere Hypothese — der alles entscheidende Unterschied.

Der Einzug des Angebens in die vor- und frühmenschliche Kultur machte die Dynamik möglich, die wir noch heute tagtäglich miterleben: Das Bewerben der eigenen verborgenen Qualitäten durch teure Signale wurde zum Motor für Innovation und Kreativität. Wir alle wetteifern fortwährend darum, die eigene Person so gut wie möglich in Szene zu setzen. Der Übergang von den direkt nützlichen Merkmalen der äffischen Vorfahren zu den Angeber-Signalen der Menschen muss als die Initialzündung unserer heutigen Kultur angesehen werden. Erst der Einzug des An-Gebens ins Miteinander unserer Vorfahren läutete den Abschied vom Affentum ein.

Das Handicap-Prinzip hat jedoch das gute alte Nützlichkeitsprinzip keineswegs abgelöst. So wie der Vorgang der Evolution nützliche Eigenschaften förderte, so hat die kulturelle Entwicklung unserer Art nützliche Technologien hervorgebracht. Als Faustformel könnte man sagen, dass alles, was unser Leben leichter und länger macht, Frucht des Nützlichkeitskalküls ist — eines Ansatzes, der auf offensichtliche und direkte Nützlichkeit zielt und immer das Bessere als Totengräber des Guten mit sich bringt. Medizin und Technologie sind die Paradebeispiele dieser Entwicklung: Im Fokus dieser Aktivitäten steht die Erleichterung und Verlängerung des menschlichen Lebens. Alle Elemente unserer Kultur, die nicht unmittelbar den Fährnissen des Lebens trotzen, fallen jedoch nicht in diesen Bereich, sondern sind Ergebnisse des Handicap-Prinzips. Darunter fallen unter anderem so wundervolle und staunenswerte Dinge wie Musik, Malerei und Literatur.

Auf einen entscheidenden Aspekt, der die Beziehung unserer eigenen Art zum Handicap-Prinzip von denen aller anderen Organismen unterscheidet, sei an dieser Stelle noch einmal mit Nachdruck hingewiesen: Die Leistungsfähigkeit und Plastizität unseres Gehirns hat dafür gesorgt, dass sich unsere Ahnen an die unterschiedlichsten Situationen anpassen, in diesen auch erfolgreich agieren und vor allen Dingen interagieren konnten. Diese gewissermaßen freie Konfigurierbarkeit von Handicap-Signalen ist es, die nach wie vor die Entwicklung, aber auch die Differenzierung unserer Gesellschaft vorantreibt. Bei anderen Tieren sind diese Signale fixiert und somit, bildlich gesprochen, fest verdrahtet. Gleich Eisenbahnschienen lenkt hier das Erbgut die Kommunikationsmöglichkeiten, ohne Variabilität zuzulassen. Wir Menschen jedoch haben die Sklaverei fixer Handicap-Signale hinter uns gelassen und sie durch eine kommunikative Kreativität ersetzt. Der Pfauenschwanz hat sich bei uns sozusagen kulturell vervielfältigt.

Dem einen oder anderen mag es ungerechtfertigt erscheinen, die immer wieder staunenswerte Vielfalt und Reichhaltigkeit unserer Kulturen auf lediglich zwei Quellen zurückzuführen. Bei genauerer Betrachtung zeigt sich jedoch, dass gerade die unvergleichliche Lern- und Wandlungsfähigkeit unserer Art diese Erklärung absolut plausibel macht: Alles in unserer menschlichen Kultur ist Frucht der Mechanismen des Handicap- und des Nützlichkeitsprinzips. Wie zwei Zahnräder, die ineinander greifen, haben sie durch ihr Zusammenspiel für die Entwicklung der Menschheit gesorgt. Dabei war das Handicap-Prinzip — wie wir im Folgenden zeigen wollen — viel mehr als ein Lückenbüßer für seltene und seltsame Vorkommnisse, die sich der scheinbaren Omnipräsenz direkter Nützlichkeit entziehen. Es handelt sich vielmehr um einen überaus kraftvollen und kreativen Motor unserer Kultur.

▶ Höher, schneller, weiter

Die „Wiege der Kultur" — eine bedeutungsschwere Metapher — soll in Afrika gestanden haben: Dort verließen unsere Vorfahren den Schutz der Wälder, erhoben sich zum aufrechten Gang und traten in jenen Prozess ein, den wir menschliche Kulturgeschichte nennen.

Heute können wir auf eine Unzahl großartiger, aber auch zweifelhafter Errungenschaften zurückblicken: himmelwärts strebende

Bauten, Werke der bildenden und schönen Künste, die unsere Welt in sich brechen und reflektieren, und Technologien, die sowohl das All als auch das Genom erschließen und neue, virtuelle Informationsräume schaffen. Erwähnt seien aber auch die SMS-Kommunikation, die gesunde Erwachsene in pathologisch Abhängige verwandelt, die kulinarische Epochenschwelle, die mit der Einführung von Ketchup und Mayonnaise in *einer* Tube überwunden wurde, und der mediale Inzest von Fernsehsendungen, die nur noch über andere Fernsehsendungen berichten.

Trotz dieser Vielfalt ist unsere These schnell auf den Punkt gebracht: Die menschliche Kultur ist gerade da, wo sie am „kultiviertesten" ist, die Leistung von Angebern und somit Ausfluss des biologischen Handicap-Prinzips. Selbst da also, wo wir Menschen meinen, einsam aus den Legionen anderer Organismen hervorzuragen, wirkt bei uns ironischerweise dasselbe Prinzip wie bei diesen.

In einem sehr wichtigen Bereich der menschlichen Kultur sind wir sogar auf genau dieselbe Weise aufrichtig wie die in Kapitel 3 besprochenen Gazellen: im Sport nämlich. Hier geht es schlicht um den Beweis, dass man körperlich leistungsfähiger ist als die Mitkonkurrenten: Wettkampf in Reinstform. Hundert Meter sind eine Strecke, die ein gesunder erwachsener Mensch, gemütlich spazierend, in circa eineinhalb bis zwei Minuten zurücklegt. Der derzeitige Weltrekord über diese Distanz liegt bei 9,79 Sekunden — aufgestellt von Maurice Greene, einem äußerst gesunden Erwachsenen, dessen Fortbewegungsweise auf dieser Strecke mit einem Spaziergang lediglich den Gebrauch der Füße gemein hat.

Warum ist Maurice Greene bei seinem Rekord von Tausenden beklatscht worden, während keiner jubelt, wenn Sie — was bestimmt mehrfach am Tag vorkommt — hundert Meter ohne Unterbrechung am Stück zurücklegen? Es ist natürlich die benötigte Zeit, die den Unterschied schafft. Auf der anderen Seite ist — bei aller Anerkennung — die von dem US-Amerikaner erreichte Geschwindigkeit von umgerechnet 36 Stundenkilometern so beeindruckend nicht. Ein frisiertes Mofa ist schneller, von anderen verfügbaren Fortbewegungsmitteln ganz zu schweigen. Aber wer so argumentiert, versteht nicht, worum es beim Sprint eigentlich geht: nicht um absolute Geschwindigkeit, sondern darum, unter genau festgelegten Bedingungen schneller zu sein als der Rest der Menschheit. Somit steht offensichtlich nicht die Nützlichkeit im Fokus dieser Aktivität, sondern ihr Signalcharakter. Dieses Signal für körperliche Fitness weist genau die Beschaffenheit auf, die Handicap-Signale ausmacht: Es ist nicht zu fälschen. Wir sind bereit, derart außergewöhnliche Fähigkeiten zu honorieren, zum einen mit Prestige, zum anderen aber auch gerne mit materiellen Vorteilen.

Sport ist ein System, in dem sich die Interessen der Athleten und der Zuschauer ideal ergänzen: Die einen geben teure Signale, und die anderen sind begierig darauf, dem Wettstreit dieser Signalgeber beizuwohnen. Aus dieser Perspektive betrachtet sind Sportwettkämpfe nichts anderes als ein ritualisierter Vergleich von ansonsten verborgenen Qualitäten. Höher, schneller, weiter: Genau dieser Komparativ, der ausgesprochen oder unausgesprochen Weltmeisterschaften genauso wie Vereinsmeisterschaften und Schulsportfeste begleitet, ist es, der uns interessiert. Dass die Wurzel dieser Affinität zu Spitzenleistungen viel älter ist als unsere Art, überrascht im ersten Moment. Schließlich sind wir Menschen die einzige Lebensform, die Olympiaden veranstaltet. Es gehört zu unserer Natur, uns aneinander zu messen — und ebenso, die Leistungsvergleiche unserer Artgenossen sehr aufmerksam zu verfolgen.

Den Siegern gilt unsere Bewunderung. Und sie werden mit jenem Gut belohnt, auf das Thorstein Veblen einst in seiner Analyse die innere Struktur der Gesellschaft zurückführte: Prestige. So erfreulich es für die so Gewürdigten ist, dass sich dieser immaterielle Gewinn auch in klingende Münze verwandeln lässt: Oft kann er in ganz anderen Bereichen auch im Sinne von Autorität verwendet werden. Denken Sie nur an die Kampagne, in der Spitzensportler „Keine Macht den Drogen" fordern. Zwar könnten Mediziner, Drogentherapeuten, Psychologen, Familienangehörige von Abhängigen oder Menschen, die ihre Sucht überwunden haben, aufgrund ihres Wissens und ihrer Erfahrung am besten zu diesem Thema Auskunft und Rat geben, aber diejenigen, die man schützen will, sind leider kaum willens, diesen Personengruppen Gehör zu schenken. Angehörige des Gesundheitswesens und Fremde, die nur auf erlittenes Leid verweisen können, genießen bei potenziellen Drogenkonsumenten kein Prestige — erfolgreiche Sportler schon. Sie beziehen ihre Autorität aus ihren Leistungen, die nichts anderes als teure Signale sind — eigentlich nutzlose Handlungen, gerade wenn man sie mit der Tätigkeit eines Arztes oder Sozialarbeiters vergleicht. Weil wir aber andere Menschen eher aufgrund ihrer teuren Signale als aufgrund ihrer nützlichen Handlungen einschätzen, ist es nur folgerichtig, die Botschaft von denen verkünden zu lassen, die das meiste Ansehen und damit auch die höchste Beachtung genießen.

Wie erpicht wir Menschen darauf sind, dass diese teuren Signale auch wirklich ehrlich sind, zeigt ein weiterer Blick auf den Sport. Damit wir Ehre und Prestige nicht an die Falschen verteilen, werden die Wettkämpfe heutzutage biochemisch überwacht: Es wird kontrolliert, ob hinter Spitzenleistungen nicht eventuell der unlautere Einsatz leistungssteigernder Substanzen steht, also Doping. Wer zur Ampulle greift und dadurch höher springt, schneller läuft oder weiter wirft, wird mit Verachtung gestraft, wenn es publik wird. Wir wollen wissen, was der jeweilige Mensch von sich aus kann, nicht, zu welchen Leistungen er mithilfe der Pharmazie imstande ist. Der Sport — so die Mehrheitsmeinung — soll sauber bleiben.

Ben Johnson gewann 1988 bei der Olympiade in Seoul den 100-Meter-Sprint. Als herauskam, dass er gedopt war, wurde ihm sein Sieg aberkannt. In der Folge zogen sich seine Sponsoren aus ihren Verträgen zurück, und seitdem hat man nichts mehr von ihm gehört. Wir wollen nicht betrogen werden: Wir wollen ehrliche Signale. Unser Interesse gilt einer Größe, nach der schon seit Urzeiten Artgenossen bewertet werden: der körperlichen Fitness. Wer da auf der Sprintstrecke gegen die Uhr und seine Konkurrenten kämpft, soll alles geben — und, wenn er der Beste ist, die Ziellinie als Erster überqueren. Ein Signal, das einfacher und eindeutiger nicht sein kann, weil nur derjenige es zu geben vermag, der den anderen Läufern wahrhaft überlegen ist. Auch würden wir uns nie damit zufrieden geben, dass jemand nur *behauptet,* in dieser Disziplin der Beste zu sein. Fitness muss man zeigen, denn Worte sind billig — Zeiten, Weiten und Höhen sind das, was wir wollen: teure Signale.

► Schön, schöner, genial

Nun sind Sportveranstaltungen nicht gerade das, was man unter „hoher Kultur" versteht. Sport bietet Spannung, Kurzweil und Unterhaltung. Hohe Kultur aber soll das Wahre, Schöne und Gute sein, das aus der Belanglosigkeit des Alltags herausragt: die edelsten und gediegensten Ergebnisse menschlichen Schaffens. Derart Außergewöhnliches zieht natürlich viele Blicke auf sich — ein Interesse, das sich auch aus der Tatsache speist, dass solche Dinge in der Regel Werte aufweisen, die unabhängig von allen Moden fortbestehen.

Ein derartiges Objekt, das aufgrund seiner Machart und des investierten Aufwandes bevorzugt wahrgenommen wird, ist natürlich hervorragend als Signal geeignet. Sowohl die künstlerische Spitzenleistung als auch der damit gepaarte Einsatz von Ressourcen heben denjenigen, der mit ihm in Verbindung gebracht wird, aus der Menge hervor. Kulturgüter sind also teure Signale.

Kunst ist in dieser Sichtweise keineswegs ein *l'art pour l'art,* sondern unentrinnbar mit dem weltlichen Geflecht menschlicher Interessen verknüpft: Zunächst gibt sie Auskunft über die wirtschaftliche Potenz und Macht des Kunstkäufers, -sponsors oder -auftraggebers. Außerdem kann sie intellektuelle Vorreiterschaft, gewissermaßen die Zugehörigkeit zur geistigen Avantgarde, sichtbar machen. Ein Beispiel für die erste Variante ist der Erwerb eines Vincent-van-Gogh-Sonnenblumenbildes durch einen japanischen Konzern: Ein Werk, das vor deutlich mehr als hundert Jahren entstanden ist und inzwischen für fast jeden erdenklichen Illustrationszweck verwendet wurde, weckt nicht gerade den Eindruck, dass es sich bei den Käufern um Geister handelt, die das Morgen schon heute denken. Anhand des schwindelerregenden Preises von etlichen Millionen, der seinerzeit in der Auktion erzielt wurde, ist es jedoch unübersehbar, dass der Konzern über richtig viel Geld verfügt. Und das weiß jetzt jeder, der es wissen soll.

Etwas anders, dem zweiten vorgestellten Motiv entsprechend, gestaltet sich der Fall bei den Werken von Damien Hirst, die unter anderem von den Eignern der Werbeagentur Saatchie&Saatchie erworben wurden. Bei den frühen Werken, mit denen Hirst bekannt wurde, handelt es sich um Lebewesen in Konservierungsflüssigkeit, nicht unähnlich den Schaugläsern anatomischer Sammlungen. Sie sind jedoch keine wissenschaftlichen Objekte, sondern erheben den Anspruch Kunst zu sein. Die öffentliche Meinung über die eingelegten Kälber und andere Tiere ist sehr geteilt: Ekel und Empörung auf der einen Seite, die Bereitschaft, in diesen Darbietungen zerschnittener Tiere in Formalin Kunstwerke zu sehen, auf der anderen Seite.

Dieses explizite Bekenntnis der Pro-Hirst-Fraktion beinhaltete jedoch noch eine indirekte und subtilere, aber durchaus vernehmliche Botschaft, die lautete: „Wir, die wir uns zu diesen Werken bekennen, sind die ästhetische und kreative Avantgarde dieser Gesellschaft." Wer seinen revolutionären und durch Konventionen nicht zu bremsenden Geist aufscheinen lassen wollte, der fand hier die ideale Gelegenheit, sich von der zur Spießigkeit neigenden Masse abzugrenzen. Zugegeben, auch der Erwerb eines echten Hirst war nicht nur eine Sache des Kunstverstands, sondern zugleich eine finanzielle Herausforderung. Die Chance, die ökonomische und die intellektuelle Leistungsfähigkeit in einem einzigen Signal zur Schau zu stellen, war geradezu ideal für ein Unternehmen, das Kreativität vermarktet, wie es bei einer Werbeagentur nun einmal der Fall ist.

Bisher haben wir das Augenmerk auf die monetäre Seite der Kunst gelegt — wer kauft was, und was bringt es ihm ein. Bei der Kunst geht es aber nach allgemeinem Verständnis primär darum, etwas auszudrücken. Die ökonomische Verwertung ist demnach als sekundäres Phänomen zu sehen. Wichtiger ist, dass neue Sichtweisen unserer Welt und unseres Selbst geschaffen werden: Artefakte, die es so noch nie gab. Gemäß dieser Intention ist Kunst nicht an hohe Preise gebunden, sondern vor allem an einen kreativen, begabten Menschen. Welchen Vorteil hat es aber für diesen Menschen, Kunst zu produzieren, wenn wir einmal von den finanziellen Anreizen eines florierenden Kunstmarktes absehen? In erster Linie wohl den, dass er damit seine Sicht der Welt ausdrückt. Er schafft Kunstwerke, die seinen intellektuell-ästhetischen Umgang mit der Welt auch für andere nachvollziehbar machen — also im Grunde genommen Repräsentate, die sein Inneres nach außen kehren: Es scheint natürlich, dass ein kreativer Mensch, der die ihn umgebende Welt auf eine noch nie da gewesene Weise wahrnimmt und erlebt, diese inneren Zustände auch für sich selbst greifbar und damit besser begreifbar machen will. So gesehen kann man die Produktion von Kunst durchaus mit dem etwas strapazierten Wort Selbstfindung in Zusammenhang bringen — wobei es wahrscheinlich akkurater wäre, von Weltfindung zu reden.

Was aber bringen die schöpferischen Akte dem Künstler wirklich? Man könnte meinen, dass Ressourcen beansprucht werden, ohne dass sie am Ende in ersichtlicher Weise für die Lebenshaltung nützlich angelegt wären. Tatsächlich geht mit solchen Objekten kein direkter materieller Nutzen einher; ein Prestigegewinn kann dagegen sehr wohl mit diesen teuren Signalen verbunden sein. Die sichtlich aufgewendete Zeit, die benutzten Materialien und vor allem das, was gemeinhin Begabung genannt wird, sind für einen versierten Betrachter offensichtlich. Für die Umwelt des Künstlers ist vor allen Dingen wichtig, ob er zum einen manuelle Spitzenleistungen erbringen kann und zum anderen das Potenzial hat, wirklich Neues zu schaffen. Insbesondere die zweite Fähigkeit ist Mangelware und deshalb prestigeträchtig. Somit handelt es sich bei Kunstwerken also nicht nur um Zeugnisse einer nach Ausdruck suchenden Schaffenskraft, sondern zugleich um ehrliche Signale, die durch vermeintlich verschwenderischen Ressourceneinsatz darauf zielen, ihrem Schöpfer Prestige zu verschaffen. Kunst macht außergewöhnliche geistige Leistungsfähigkeit sichtbar.

Der amerikanische Psychologe Geoffrey Miller[1] spitzt diesen Zusammenhang noch weiter zu. Im direkten Anschluss an Darwin geht er davon aus, dass Poesie, Musik und bildende Kunst einzig als Werbeträger für vornehmlich männliche Qualitäten entstanden sind. Im Klartext: Alle Kulturwerke dienen letztendlich nur der Steigerung der sexuellen Attraktivität und damit der Maximierung der eigenen Nachkommenschaft. Mit dem schönen Bild, dem schönen Gedicht, dem schönen Lied buhlen vorrangig Männer um die Gunst des anderen Geschlechts. Künstlerischer Erfolg — so Millers Diagnose — macht sexy. Gewährsleute für diese These sind unter anderem Jimi Hendrix, Pablo Picasso, Charlie Chaplin, Honoré de Balzac und andere nimmersatte Liebhaber. Und selbst der biedere Max Frisch bekommt — offensichtlich ungewollt — diesen Zusammenhang zu spüren, denn in der Erzählung *Montauk* beklagt sich der 64-jährige Ich-Erzähler: »Ein Arrivierter könnte aussehen wie ein Walroß, die Frauen geben sich nicht nur mit ihm ab, sondern entfalten unverlangt ihren Charme fast ohne Reserve. Erst auf der Straße, anonym im Gedränge, empfinde ich mich wieder als Walroß ganz und gar.«[2]

Nachdrücklicher als derartige Anekdoten, für die sich sicherlich auch Gegenbeispiele finden ließen, spricht zweifellos die auffällige Alters- und Geschlechtsverteilung von Künstlern für Millers Interpretation der Kunst als sexuelle Werbeshow. Bekanntlich produzieren Männer insgesamt deutlich mehr Kunst als Frauen, was angesichts geschlechtstypischer Sexualstrategien mit ihrem höheren Anteil an männlichem Wettbewerb auch zu erwarten ist. Darüber hinaus werden die meisten Kunstwerke von jungen erwachsenen Männern produziert, also genau dann, wenn ihre sexuelle Konkurrenz am größten ist. In dem Maße, wie Künstler altern und ihre Energien zunehmend in elterliche und nepotistische Bahnen gelenkt werden, verlieren sexuelle Werbemaßnahmen für sie an Bedeutung. Sie überschreiten den Zenit ihrer Schaffenskraft, wenn die sexuelle Konkurrenz nachlässt.

Aus all dem folgt, dass Kunst — durch die evolutionsbiologische Brille betrachtet — keine ätherische Angelegenheit weit oberhalb der Niederungen des Alltags ist. Wir wollen nicht in Abrede stellen, dass Kunst im Bewusstsein des Einzelnen um ihrer selbst willen existiert. Betrachtet man jedoch die Gesamtheit der Menschen und die Funktion, die Kunst in diesem Miteinander einnimmt, dann wird deutlich, dass es sich bei ihr um eine sehr bedeutende

Form ehrlicher Signale handelt, die zum einen große handwerkliche Fähigkeiten und zum anderen außergewöhnliche Innovationskraft zeigen. Dieses Potenzial ist es, das einem Künstler mitunter das Prädikat genial verleiht, nämlich dann, wenn er alles bisher Geschaffene hinter sich lässt und ganz neue Maßstäbe setzt.

Vielleicht wollen Sie an dieser Stelle einwenden, dass etwas, was Tausende von Menschen sich spontan auch zutrauen, eigentlich kein teures Signal sein kann. Dabei mag man unter anderem an Werke von Picasso oder Beuys denken, die in vielen Fällen Kommentare wie „Das kann doch nun wirklich jedes Kind" hervorrufen.

Bei genauerem Hinsehen erweist sich dieser Einwand jedoch als nicht stichhaltig. Vielmehr arbeitet er sogar der hier vorgeschlagenen Sicht zu. Wir hatten schon an früherer Stelle ausführlich dargestellt, dass es in der menschlichen Gesellschaft zu einer Inflation von teuren Signalen kommt. Mit dieser Vervielfältigung und Diversifizierung von ressourcenintensiven Botschaften geht einher, dass die Menschen nicht mehr in allen Signalkontexten einer Gesellschaft zu Hause sein können. Es entwickeln sich unterschiedliche Kompetenzen in der Beurteilung unserer Lebenswelt, wobei „unterschiedlich" hier nicht im Sinne von besser oder schlechter zu verstehen ist. Vielmehr entsteht ein meist unauffälliger Pluralismus zur Erzeugung und Beurteilung von Signalen.

Im Falle der modernen Kunst treffen zwei ganz unterschiedliche Signalsphären aufeinander. Beide Gruppierungen — nennen wir sie die Handwerker und die Innovatoren — sehen Kunst als ein hervorragendes Medium, um ehrliche Informationen über deren Schöpfer zu erlangen. Dabei geht es den Handwerkern um manuelle Fähigkeiten, den Innovatoren hingegen um das kreative oder schöpferische Potenzial des Kunstschaffenden. Während also die einen die handwerkliche Ausführung aufs Genaueste prüfen und als Qualitätsmaß verwenden, zählt für die anderen, wie neu, überraschend oder revolutionär eine Idee ist.

Wer sich der Existenz dieser beiden Signalgemeinschaften bewusst ist, wundert sich nicht mehr, dass moderne Kunst zu heftigen Meinungsverschiedenheiten führen kann. Wer hingegen nicht weiß, dass manche Mitmenschen einen fundamental anderen Bewertungsmaßstab benutzen, hält deren wertende Äußerungen in Bezug auf Kunst unter Umständen für ausgemachten Blödsinn. Diese Blindheit für die Existenz eines grundsätzlich anderen Bewertungsmaßstabes findet man übrigens sowohl bei den so genannten Laien als auch bei Experten, wobei die Ersteren zumeist zu einer handwerklichen Auffassung von Kunst tendieren, während Letztere sich eher an konzeptuellen und theoriefähigen Fortschritten orientieren. Wir möchten betonen, dass diese Grenzziehung keinerlei Wertung beinhaltet. Sie entsteht erst, wenn man einen der beiden Standpunkte einnimmt und von diesem aus den anderen beurteilt.

Was aber, wenn ein Mensch, der sich anmaßend gegenüber anerkannten Größen der schönen Künste äußert, wirklich imstande ist, das Gesehene nachzumachen? Eine solche Kopie, die den Stil und die Ideen eines anderen aufgreift, bezeugt eindeutig manuelle Fähigkeiten, wird aber die wenigsten Menschen beeindrucken. Selbst dem fähigsten „zweiten Picasso" wird die Anerkennung und das Prestige verweigert, da er lediglich manuelle Fähigkeiten unter Beweis stellt, aber ästhetisch und konzeptuell im Schatten des Originals verharrt.

In der Autobiografie des Literaten und Nobelpreisträgers Elias Canetti findet sich hierzu eine viel sagende Begebenheit.[3] Eine Bekannte präsentierte ihm einen von ihr geschriebenen, umfangreichen Text. Nach dessen Lektüre war Canetti absolut davon überzeugt, dass es sich hier um ein ihm nicht bekanntes Werk von Dostojewski handeln müsse. Auf seine Frage, woher dieser Text stamme, erhielt er wiederholt die Antwort, dass er eigenhändig von ihr geschrieben sei, bis Canetti vor lauter Wut begann, die junge Frau ob ihrer Dreistigkeit zu beschimpfen. Für ihn war es völlig offensichtlich, dass diese Seiten von dem großen russischen Literaten stammen mussten. Er vermutete, dass ihm ein „zurückgelegter Entwurf" untergeschoben werden sollte. Durch das Eingreifen seiner Frau wurde er in seiner Empörung über den vermeintlichen Betrug gebremst. Sie brachte ihn schließlich sogar zu der Einsicht, dass der Text trotz allem Anschein nicht aus der Feder des Russen stammte.

Er hatte also einen Dostojewski-Klon vor sich: einen Text, dessen Stil und Duktus scheinbar unzweifelhaft dessen Autorschaft belegte, ohne jedoch von ihm zu stammen. Als Canetti das eingesehen hatte, stieg die junge Verfasserin in seinem Ansehen keineswegs bis auf die Stufe des verstorbenen Meisters. Er würdigte sie nicht einmal als angehende und ernst zu nehmende Literatin. Kunst lebt eben nicht aus der Reproduktion dessen, was es bereits gibt. Zwar ist in sehr vielen Fällen auch das Reproduzieren kein einfaches Geschäft. Wirklich selten jedoch sind Menschen, die imstande sind, Neues hervorzubringen.

Kunst ist somit kein Selbstzweck, sondern vielmehr eine weitere Möglichkeit, andere Menschen von der eigenen Leistungsfähigkeit in Kenntnis zu setzen — ein ehrliches Signal, das innere und damit unsichtbare Qualitäten offenbart.

▶ Schlau, intelligent, weise

Auch der Verstand, der so lange als unüberwindliche Trennmauer zwischen uns Menschen und der Tierwelt angesehen wurde, dient oftmals der Angabe des Nichtoffensichtlichen. Dabei geht es weniger um Situationen, in denen wir durch Nachdenken zu praktischen Lösungen unserer Probleme gelangen, sondern vielmehr um die nichtstofflichen Früchte dieses Vermögens, und die Theorien und Entwürfe, mit denen wir die Welt auf höchster Ebene zu ordnen und zu erfassen versuchen — um ein Denken also, das nicht auf die direkte Nützlichkeit zielt, sondern auf so hehre Werte wie Erkenntnis und Bildung.

Um plausibel zu machen, dass auch das Theoretisieren und Schmieden von Weltbildern teure Signale sind, wollen wir den Blick auf die Geburtsstunden der Philosophie lenken.

Der Ort, an dem das Denken abseits alltagspraktischer, religiöser und mythischer Bahnen in die Welt trat, war das antike Griechenland, und der erste Philosoph, von dem uns umfangreiches Material überliefert wurde, ist der Athener Sokrates. Zwar gab es schon vor ihm Geister, die die Welt auf neue Weise zu betrachten suchten, angefangen mit Thales von Milet. Von deren Gedanken jedoch ist im Laufe der vergangenen zweieinhalbtausend Jahre so viel dem Vergessen anheim gefallen, dass sich ihre gemeinsamen intellektuellen Hinterlassenschaften in einem einzigen handlichen Band vereinen lassen. Das, was wir über Sokrates wissen, verdanken wir nicht diesem selbst, sondern seinem Schüler Platon, der gelehrte Dialoge schrieb, in denen er seinen Lehrer mit anderen zusammen um die Wahrheit ringen ließ.

Der echte Sokrates führte seine Gespräche auf der Agora, dem Marktplatz Athens. Obwohl das Orakel von Delphi hatte verlauten lassen, dass es keinen weiseren Mann als ihn gebe, wurde er nicht von jedem bewundert und geliebt. Es waren die jungen Edlen der Stadt, die ihn zu ihrer Leitfigur erkoren hatten. Er, der nichts aufgrund von Autoritäten als wahr annahm und seine Tage damit verbrachte, seinen Mitbürgern ihre Irrtümer vor Augen zu führen, war ihr Ideal. In den fast endlosen Gesprächen, die in diesem Zirkel geführt wurden, nahm das Gestalt an, was wir heute als westliche Rationalität bezeichnen.

Diese so glückliche und wirkungsmächtige Blüte des Intellekts zu Beginn des Abendlandes verliert jedoch etwas von ihrem schöngeistigen Charme, wenn man sich fragt, wovon die Disputierenden jener Zeit gelebt haben. Sokrates war noch derjenige mit den wenigsten materiellen Besitztümern. Seine Gesprächspartner waren zum großen Teil von Hause aus wohlhabend und mussten niemals mit ihrer eigenen Hände Arbeit ihren Lebensunterhalt bestreiten. In diesem Zusammenhang sollte erwähnt werden, dass in dieser ersten Demokratie auf unserem Planeten neun von zehn Menschen politisch rechtlose Sklaven waren. Aus den verbleibenden zehn Prozent, den freien Bürgern Athens, rekrutierten sich die Gesprächspartner des Sokrates. Nun ahnt man, inwiefern solche gelehrten Dispute auch Handicap-Signale waren: Nur derjenige konnte es sich leisten, seine Tage der Wahrheitssuche zu widmen, der über genug Ressourcen verfügte, um keinem Broterwerb nachgehen zu müssen. Theoretisieren und Philosophieren dienen auch als Zeichen von Reichtum, Luxus und Überfluss.

Analog zu den schönen Künsten kann man bei einem Menschen, der virtuos zu argumentieren und Theorien zu entwickeln weiß, von diesen beobachtbaren Eigenschaften auf die allgemeine Leistungsfähigkeit seines Denkapparates schließen — eine verborgene Eigenschaft, die gerade in sich wandelnden und komplexen Gesellschaften von höchster Wichtigkeit ist. Wer neue Theorien, Analysen oder sogar Weltsichten entwickelt, macht deutlich, dass er nicht nur in der Lage ist, bestehende Modelle zu handhaben, sondern auch Neues zu schaffen vermag. So sehr es also bei hochgeistigen Auseinandersetzungen um die Sache gehen mag — derjenige, der seine Ansicht gut und eloquent vertritt, macht gleichzeitig Werbung für die eigene Person.

Was einen guten und für seine Mitwelt interessanten Denker ausmacht, geht aus einer Formulierung Immanuel Kants in seiner kurzen Schrift *Beantwortung der Frage: Was ist Aufklärung?* hervor: »Aufklärung ist der Ausgang des Menschen aus seiner selbst verschuldeten Unmündigkeit. Unmündigkeit ist das Unvermögen, sich seines Verstandes ohne Leitung eines anderen zu bedienen.«[4] Die Selbstständigkeit des Denkens, die hier gefordert wird, ist eine echte Leistung; einfacher und bequemer geht man ohne sie durchs Leben. Es gibt genügend Leitfiguren und Orientierungshilfen in unserer Gesellschaft, nach denen sich ein Mensch richten kann. Als Sozialpartner wird ein Individuum aber vor allem dann interessant, wenn es in der Lage ist, souverän mit dem Bestehenden umzugehen und darüber hinaus neue Perspektiven und Wege aufzuzeigen: Fähigkeiten, die in einer sich permanent im Wandel befindlichen Gesellschaft von allergrößtem Wert sind.

Rednerische Brillanz, argumentative Schlagfertigkeit, logische Stringenz und theoretisches Innovationspotenzial sind somit teure Signale, die im Rahmen von intellektuellen Diskussionen und Disputen präsentiert werden — teuer eben nicht nur, weil sie Zeit beanspruchen, sondern auch, weil sie geistige Ressourcen für Fragestellungen verbrauchen, die für die physische Existenz des Denkers keine direkte Bedeutung haben. Die verborgenen Eigenschaften, die damit zur Schau gestellt werden, sind die Qualität der geistigen

Verarbeitung und das damit einhergehende Innovationspotenzial, das ein Mensch seiner Umwelt zu bieten hat.

Doch lassen Sie uns noch einmal zur bodenständigeren Seite dieses Signals zurückkehren. Inwiefern weist das kenntnisreiche Diskutieren von theoretischen Fragen auf Wohlstand hin? Der Zusammenhang erscheint zunächst weit hergeholt. Allerdings entsteht denkerische und argumentative Brillanz nicht aus dem Nichts, sondern ist das Ergebnis langer Lern- und Übungsphasen. Folglich kann nur der in diesen Bereichen glänzen, der schon im Vorhinein viel Zeit in seine Fertigkeiten investiert hat. Mit der Geschliffenheit seiner Argumente und dem Kenntnisreichtum seiner Anspielungen und Zitate macht ein solcher Mensch unmissverständlich klar, dass sein Leben bis zu diesem Zeitpunkt nicht von körperlicher Arbeit beherrscht war.

Ähnliche Überlegungen finden sich auch bei Thorstein Veblen, der sich in gleicher Weise zur Bildung und Gelehrsamkeit des ausgehenden 19. Jahrhunderts äußert: »Eine elegante – schriftliche oder mündliche – Ausdrucksweise ist ein geeignetes Mittel zur Erlangung von Prestige.«[5] Und: »... will sich der Gelehrte nämlich Prestige verschaffen, so braucht er nur mit Kenntnissen zu prahlen, die im konventionellen Sinne als Beweise verschwendeter Zeit anerkannt werden, und diesen Zweck erfüllt die klassische Bildung aufs beste. Die verdankt nämlich ihren Nutzen ohne den geringsten Zweifel dem Umstand, dass sie einen vorzüglichen Beweis für verschwendete Zeit und Mühe und damit auch für finanzielle Machtd arstellt. ...«[6]

Neben die Denker des bisher geschilderten Typus sind in der Neuzeit die Naturwissenschaftler und Ingenieure getreten. Letztere sind es, denen wir den technologischen Stand unserer Zivilisation verdanken – die höhere Lebensqualität, die größere Lebensspanne. Und dennoch stehen sie in der allgemeinen Achtung nicht am höchsten.

Beide Arten von Denkern – jene, die sich primär theoretischen Betrachtungen widmen, und jene, deren Schaffenskraft auf ganz praktische Ergebnisse zielt – haben viel Zeit aufgewendet, um ihren Geist auszubilden, und beide Denkertypen wirken heute gleichermaßen beamtenbesoldet an Universitäten. Dennoch überwiegt nach wie vor das Ansehen der philosophischen Idee. Wer auf praktische Verwertbarkeit hinarbeitet, wird immer mit einem leichten Makel behaftet sein, da er oder sie es offenbar nötig hat, Marktfähiges zu produzieren.

Auch in den Gesprächen bei gesellschaftlichen Veranstaltungen wird dieser Unterschied deutlich. Naturwissenschaftler, Ingenieure und technisch orientierte Menschen klagen schon seit langem darüber, dass in festlichen Runden fast ausschließlich über bildende Kunst, Musik, Film und Literatur gesprochen wird. Über den zweiten Hauptsatz der Thermodynamik redet hingegen zum Beispiel niemand, wie ein leicht frustrierter Naturwissenschaftler einmal anmerkte. Schlimmer noch: Wer versucht, ein Gespräch über dieses Thema zu beginnen, wird höchstwahrscheinlich als Sonderling eingestuft, der sich auf dem gesellschaftlichen Parkett nicht sicher zu bewegen weiß. Lässt man jedoch seine Kenntnisse über einen chinesischen Dichter, der allen anderen Anwesenden unbekannt ist, in die Konversation einfließen, so kann man aufgrund dieser außergewöhnlichen Belesenheit mit einiger Achtung und Beachtung rechnen.

Dem Handicap-Prinzip zufolge entsteht dieser Prestigegewinn jedoch nicht aufgrund der Kenntnisse selbst, sondern weil diese als ehrliches Signal auf einen Überschuss an materiellen und immateriellen Ressourcen verweisen. Das ist es, was Thorstein Veblen als »demonstrativen Müßiggang« bezeichnet hat. Ein Mensch, der seine Zeit unproduktiv verbringt, gibt damit an, dass er sich das leisten kann. Wer wissend über *Auf der Suche nach der verlorenen Zeit* von Marcel Proust oder *Der Mann ohne Eigenschaften* von Robert Musil parliert, zeigt, dass er die Zeit hatte, diese monumentalen Werke zu lesen, *und* über die Fähigkeiten verfügt, diese auch geistig zu bewältigen.

Schon anhand weniger Worte kann ein geübter Beobachter einschätzen, wen er vor sich hat. Dabei schließt er vom sicht- oder in diesem Falle hörbaren Signal auf die der Wahrnehmung entzogenen Qualitäten. Gleich einem Eisberg, bei dem sich stets das Siebenfache der sichtbaren Masse unter dem Meeresspiegel verbirgt, geben oft schon wenige Sätze verlässlich an, was der Mensch, den man vor sich hat, mit seinem Leben angefangen hat und wozu er intellektuell imstande ist. Auch gelehrte Konversation ist also Angabe.

In Trübners Deutschem Wörterbuch von 1939 ist eine der Bedeutungen, die das Wort „angeben" haben kann, das Offenbaren.[7] So gesehen könnte man die Handicap-Signale auch als „Angeber-Signale" bezeichnen. Im Gegensatz zum Alltagsgebrauch des Wortes Angeberei handelt es sich hier jedoch um ehrliche Botschaften.

▶ Ein Schutzprogramm für Angeberei

Wir alle sind die Erben von Angebern: Unsere Ahnenreihen stellen ununterbrochene Ketten von Individuen dar, denen es gelungen ist, für ihre reproduktiven Ressourcen zu werben. Vermittels unterschiedlichster Signale gaben sie an, was sie zu bieten hatten, und hatten Erfolg damit.

Aber um Erbschaft im rein biologischen Sinn soll es an dieser Stelle nicht gehen, sondern um kulturelle Hinterlassenschaften. Die Angehörigen unserer Art sind imstande, Dinge zu produzieren, die ihre eigene Lebensspanne bei weitem überdauern — und das nicht erst seit der Erfindung des Plastikmülls, sondern bereits seit der Steinzeit: Man denke nur an die Faustkeile. Neueste Untersuchungen legen nahe, dass diese Werkzeuge nicht nur aus praktischen Gründen gefertigt wurden. Es gibt Fundstellen mit großen Mengen fantastisch gearbeiteter Faustkeile, die offensichtlich nicht ein einziges Mal ernsthaft benutzt wurden. Lange stand die Archäologie vor einem Rätsel, doch der britische Archäologe Steven Mithen hat für diese Hortfunde eine einleuchtende Erklärung gefunden, die alles andere als geheimnisvoll ist:[8] Die Faustkeile sind Hinterlassenschaften von Angebern — von Frühmenschen, die ihre Konkurrenzkämpfe unter anderem über ihre Kunstfertigkeit bei der Herstellung von Steinwerkzeugen austrugen. Gut gearbeitete Faustkeile stellten einen untrüglichen Beweis für hohe motorische und koordinative Fähigkeiten dar, sodass es sich unter Umständen auszahlte, persönliche Fertigkeiten durch die Herstellung von Faustkeilen zu demonstrieren, obwohl man diese im Alltag nicht brauchte.

Wer immer in der Geschichte unserer Art der Umwelt eindeutig mitteilen wollte, über welche verborgenen Qualitäten er oder sie verfügte, musste sich diese Botschaft etwas kosten lassen. Nur so bestand die Sicherheit, nicht von Großmäulern, Hochstaplern oder eigentlich unterlegenen Individuen aus dem Rennen geworfen zu werden. Das konnte so weit gehen, dass die eingesetzten Signale die Leistungsfähigkeit bis aufs Äußerste strapazierten.

Wie schon in Kapitel 5 ausgeführt, ließ Friedrich II. nach dem Siebenjährigen Krieg — obwohl Preußen so gut wie bankrott war — in Potsdam das aufwendige Neue Palais bauen und demonstrierte damit aller Welt unmissverständlich, dass der Staat nicht am Boden lag. Heute gibt es in Deutschland 24 Weltkulturerbestätten der UNESCO: gemäß der Konvention aus dem Jahre 1972 Kultur- und Naturstätten von „außergewöhnlichem universellen Wert". Studiert man die Liste der schutzwürdigen Stätten, so wird schnell deutlich, dass es sich bei vielen der Stätten um teure Signale unserer Altvorderen handelt. Es finden sich allein fünf Dome in dieser Aufzählung; gelegentlich wurden sogar ganzen Altstädten das Güte- und Schutzsiegel der UNESCO verliehen. Das einzige deutsche Weltkulturerbe, das nicht auf menschliches Wirken zurückgeht, ist die Fossilienlagerstätte Grube Messel.

Was eint die verbleibenden 23 von Menschenhand erschaffenen Kulturstätten? Was verleiht diesen Dingen die Aura von großer Kultur, ja Weltkultur? Unsere Antwort mag ketzerisch anmuten: Es ist der angeberische Verbrauch von viel Ressourcen, der sich nun einmal am nachhaltigsten in Bauwerken manifestiert. Das Weltkulturerbe besteht zum überwiegenden Teil aus den Hinterlassenschaften der größten Angeber der Weltgeschichte. Betrachtet man die Vielfalt der großartigen Kulturdenkmäler, die weltweit durch das Programm der UNESCO geschützt werden, wird eines klar: Ohne das Kalkül, dass fälschungssichere und ehrliche Signale teuer sein müssen, gäbe es all dies nicht. Hätten die Menschen ihren Nächsten immer aufs bloße Wort hin geglaubt, so wäre wahrscheinlich nie ein einziges dieser Großwerke entstanden, und unsere Welt wäre um vieles ärmer. Die UNESCO würdigt vorrangig den Angeber, nicht den Nützlichkeitsfanatiker.

▶ Von Pfauen und Menschen

Täuschung hat ihre Naturgeschichte. Lug und Betrug gehören so selbstverständlich zu unserer Welt wie Liebe und Fantasie.[9] Es gibt psychologische Untersuchungen, denen zufolge wir bis zu 200 Mal am Tag Lügen aufgetischt bekommen — eine unerfreuliche Nachricht, die jedoch dadurch relativiert wird, dass es sich in den meisten Fällen um Lappalien handelt. Aber nicht alle Täuschungsversuche sind so harmlos, dass man souverän darüber hinwegsehen kann. Aus diesem Grund haben wir Menschen uns mit den Handicap-Signalen ein Kommunikationsprinzip des Tierreichs bewahrt, das zwangsläufig Ehrlichkeit produziert.

Auf der Suche nach Sozialpartnern halten wir — auch wenn es uns nicht bewusst ist — Ausschau nach glaubwürdigen Indikatoren der verborgenen Qualitäten unserer Mitmenschen, und wenn wir andere für uns gewinnen wollen, dann senden wir intuitiv Signale aus, deren Kostenintensität nicht zu übersehen ist. So sind wir auf der sozialen Bühne Anbieter und Nachfrager zugleich.

Wir Menschen bedienen uns derselben Signal- und Beurteilungsstrategie, um uns der Ehrlichkeit von Botschaften zu versichern: Wer kann, gibt an und signalisiert, was sonst nicht wahrzunehmen wäre, und wer nicht kann, hat eben Pech gehabt.

Das Einzige, was uns diesbezüglich vom schillernden Federvieh unterscheidet, ist die schier unübersehbare Zahl von Signalen nach dem Handicap-Prinzip, die uns zu Gebote stehen. Pfauenhähne und -hennen bewegen sich dagegen in einem recht ärmlichen Signaluniversum. Die Beziehung der Geschlechter (und damit aller in diesem System Agierenden) lässt sich in einem einzigen Spruch zusammenfassen: „Zeige mir dein Pfauenrad und ich sage dir, ob du der Vater meiner Kinder werden kannst."

In der kulturellen Evolution des Menschen geht es hingegen nicht mehr nur um den effizienten Einsatz der reproduktiven Ressourcen. Vielmehr haben wir in einer nicht zu überschauenden Zahl von Lebenssituationen ein ganz vitales Interesse daran, uns für den richtigen Partner zu entscheiden beziehungsweise andere dafür zu gewinnen, uns kurz- oder langfristig als Sozial- und Geschäftspartner zu akzeptieren.

Teure Signale, die angeben, was wer zu bieten hat, finden sich nicht nur auf der individuellen, sondern auch auf kooperativer, institutioneller und staatlicher Ebene. Wir sind geradezu Sklaven dieses tief in uns verwurzelten Handlungs- und Signalkalküls: Wir können nicht anders, als die Welt durch eine Handicap-Brille zu sehen. Und wir können auch nicht aus diesem Spiel des Angebens und Abschätzens aussteigen. Wer sich entschließt, für Signale an seine Umwelt keine Ressourcen mehr zu verbrauchen, obwohl er über verborgene Qualitäten verfügt, wird zwangsläufig missverstanden. In den Augen des Publikums hat er einfach nichts zu bieten.

Doch zumindest haben wir — anders als die Pfauen — die Wahl, *welche* Signale wir aussenden wollen.

Man könnte von einer „Verflüssigung" teurer Signale in der menschlichen Kultur sprechen. Dass wir Menschen nicht immer noch auf den Bäumen hocken, dürfte daran liegen, dass wir das Handicap-Prinzip für unsere Interaktion entdeckt und so eine Kommunikationssicherheit und soziale Komplexität erreicht haben, die allen anderen Organismen unmöglich ist. Das ist der Unterschied zwischen uns und den Menschenaffen, der entscheidende Graben, der die Grenze zum Menschsein markiert. Wir sind, was wir sind, weil unsere Vorfahren lernten anzugeben.

Das in unseren Augen Verblüffende und Überwältigende an diesem Erklärungsansatz ist, dass er eine nahtlose Verknüpfung des Geschehens in der Tierwelt mit unserer heutigen, hochdifferenzierten Kultur ermöglicht. Obwohl die Summe der Unterschiede zwischen diesen Welten — oberflächlich betrachtet — überhaupt nicht zu benennen ist, hat sich im Grunde nicht viel geändert. Wir sind wie Pfauen, Männer wie Frauen gleichermaßen. Allerdings geben wir nur selten mit Keratingebilden an, sondern mit Geld, Autos, Schönheit, mit einer guten Figur, Häusern, Handys, Laptops, Golfschlägern, Bildung, Universitätsdiplomen, Büchern, Kunst, Schmuck, Kleidung, Jagdtrophäen, Sportmedaillen, Großzügigkeit oder Edelmut. In diesem Supermarkt der Signale greift jeder zu den Mitteln, die es ihm oder ihr erlauben, mit den eigenen Stärken zu glänzen. Die Funktionslogik unserer sozialen Kommunikation beruht jedoch auf Wurzeln, die bis weit hinter die Entstehung unserer Art zurückreichen.

Mögen die Signale auch kulturhistorisch neue Erfindungen sein, so stehen ihre Botschaften doch in einer bemerkenswerten biohistorischen Kontinuität, die uns Menschen durchaus keine Schmach sein muss, sondern vielmehr ein Gefühl der Geborgenheit, der Einbettung in die Natur vermitteln kann: Wir sind zwar anders als unsere haarigen, gefiederten oder schuppigen Verwandten, aber keineswegs anders*artig*.

Die Erkenntnis, dass Angeberei durch teure Signale ein entscheidender Teil unseres sozialen Miteinanders ist, lässt uns Dinge verstehen, denen bisher ein Ruch von Willkür und Beliebigkeit anhaftete, und ermöglicht uns einen klareren Blick auf uns selbst.

„Erkenne dich selbst!" empfahl uns schon das antike Orakel von Delphi. So sind wir also Angeber — und die schöpferischsten und originellsten Angeber, die diese Welt derzeit zu bieten hat.

Anmerkungen

► Kapitel 1

[1]*Hessisch-Niedersächsische Allgemeine* vom 22. 9. 2001
[2]Milinski und Bakker (1990)
[3]Olson und Owens (1998)
[4]Zahavi (1975)

► Kapitel 2

[1]Nach Zimen (1990), S. 166ff.
[2]Ausgeführt findet sich dieser Gedankengang in seinem Buch *Leviathan* (1651).
[3]Diese Überlegungen finden sich im Hauptwerk von Adam Smith, *The Wealth of Nations* (1776; deutsch: *Der Wohlstand der Nationen*).
[4]Koslowski (1999)
[5]Noë et al. (2001)
[6]LeBoeuf (1974)
[7]Dawkins (1976)
[8]Thornhill (1988)
[9]Andrade (1996)
[10]Ruse (1986), S. 203
[11]Chagnon (1980)
[12]Trivers (1985)
[13]Voland (1990)
[14]Irons (1979)
[15]Borgerhoff Mulder (1987)
[16]Casimir und Rao (1992)
[17]Faux und Miller (1984)
[18]Wasao und Donnermeyer (1996)
[19]Betzig (1986)

[20]Wettlaufer (1999)
[21]Buss (1997)
[22]Kenrick und Keefe (1992), Pérusse (1993)

▶ Kapitel 3

[1]Petrie et al. (1991)
[2]Zahavi (1975), Zahavi und Zahavi (1998)
[3]Getty 2002, Grafen 1990, Iwasa et al. 1991, Johnstone 1995, Kotiaho 2000, Maynard Smith 1991
[4]Boone (1998)
[5]Nolan et al. (1998)
[6]Hamilton und Poulin (1997), Møller et al. (1999)
[7]Johnstone (1995)
[8]Petrie (1994)
[9]Barber et al. (2001)
[10]Møller und Alatalo (1999)
[11]Buchanan (2000)
[12]Møller et al. (1999), Wedekind und Folstad (1994), Zuk (1994)
[13]Zahavi und Zahavi (1998), S. 13
[14]Zahavi und Zahavi (1998)
[15]Holder und Montgomerie (1993)
[16]Weiner (1994), S. 34

▶ Kapitel 4

[1]Veblen (2000)
[2]Heilbronner (1953), S. 205
[3]ebd., S. 216f.
[4]Veblen (2000), S. 51
[5]ebd., S. 52
[6]ebd., S. 57
[7]ebd., S. 62
[8]Henrich und Gil-White (2001), S. 168

[9]Veblen (2000), S. 93f.
[10]Dawkins und Krebs (1981)
[11]Watts (1999)
[12]Coe (1992)
[13]Eibl-Eibesfeldt (1988), Power (1999)
[14]Eibl-Eibesfeldt (1988)
[15]Bliege Bird (1999), S. 65
[16]Bliege Bird (1999), S. 66
[17]ebd.
[18]ebd., S. 68
[19]Bliege Bird et al. (2001)
[20]Hawkes et al. (2001), S. 135
[21]ebd., S. 131
[22]ebd., S. 125
[23]ebd.
[24]ebd., S. 134
[25]Hawkes (2001)
[26]Hawkes und Bliege Bird (2002)
[27]Neiman (1997), S. 271
[28]Low (1988), Rowanchilde (1996), Power (1999)
[29]Marquard 1984 über Samoa, zitiert in Coe (1992)
[30]Singh und Bronstad (1997)
[31]Weber (1980), S. 28
[32]Neiman (1997), S. 267
[33]ebd., S. 270
[34]ebd.
[35]Hill (1984), S. 86
[36]Baumann (1998)
[37]Sütterlin (1998)
[38]Tessman (1995)
[39]ebd., S. 157
[40]Gurven et al. (2000)
[41]ebd.
[42]ebd., S. 275
[43]Hill (1984), S. 79
[44]ebd.

▶ Kapitel 5

[1]Asgodom (2000), S. 138
[2]Wallraff (1985), S. 188f.
[3]Ullrich (2000)
[4]Drescher und Badstübner-Gröger (1991)
[5]Palm (2001)
[6]Klare (2001)
[7]Alexander (1987)
[8]Dunbar (1999)
[9]Knight (1998), Voland (im Druck)
[10]Furlow (1997), Lummaa et al. (1998)
[11]Goldberg (1995)

▶ Kapitel 6

[1]Vollmer (1985)
[2]Anderson et al. (1991), Smuts (1992)
[3]Voland und Voland (1989)
[4]Knight (1998), S. 72
[5]Domb und Pagel (2001)
[6]Knight (1998), S. 72
[7]ebd., S. 75
[8]Knight (1998), S. 81
[9]ebd., S. 88
[10]Postel (2001)
[11]Goethe (1977), S. 180f.

▶ Kapitel 7

[1]Miller (1999), Miller (2001)
[2]Frisch (2001), S. 20
[3]Canetti (1985), S. 261

[4]Kant (2001), S. 53
[5]Veblen (2000), S. 381
[6]ebd., S. 379
[7]Götze (1939), S. 80
[8]Mithen (im Druck)
[9]Sommer (1992)

Zitierte Literatur

Alexander R (1987) The biology of moral systems. Aldine de Gruyter, Hawthorne

Anderson JL, Crawford CB, Nadeau J, Lindberg T (1991) Was the Duchess of Windsor right? A cross-cultural review of the socio-ecology of ideals of female body shape. *Ethology and Sociobiology* 13: 197–227

Andrade MCB (1996) Sexual selection for male sacrifice in the Australian Redback Spider. *Science* 271: 70–72

Asgodom S (2000) Reden ist Gold. Econ, München

Barber I, Arnott SA, Braithwaite VA, Andrew J, Huntingford FA (2001) Indirect fitness consequences of mate choice in sticklebacks: Offspring of brighter males grow slowly but resist parasitic infestions. *Proceedings of the Royal Society London* B 268: 71–76

Baumann C (1998) Naturwissenschaft und Kunst — Versuche der Begegnung. *Nova acta Leopoldina* NF 77: 193–204

Betzig L (1986) Despotism and differential reproduction — A darwinian view of history. Aldine de Gruyter, Hawthorne

Bliege Bird R (1999) Cooperation and conflict: The behavioral ecology of the sexual division of labor. *Evolutionary Anthropology* 8: 65–75

Bliege Bird R, Smith EA, Bird DW (2001) The hunting handicap: Costly signaling in human foraging strategies. *Behavioral Ecology and Sociobiology* 50: 9–19

Boone JL (1998) The evolution of magnanimity — When is it better to give than to receive? *Human Nature* 9: 1–21

Borgerhoff Mulder M (1987) On cultural and reproductive success: Kipsigis evidence. *American Anthropologist* 89: 617–634

Buchanan KL (2000) Stress and the evolution of condition-dependent signals. *Trends in Ecology and Evolution* 15: 156–160

Buss D (1997) Die Evolution des Begehrens. Goldmann, München

Canetti E (1985) Das Augenspiel. Hanser, München

Casimir MJ, Rao A (1992) Kulturziele und Fortpflanzungsunterschiede — Aspekte der Beziehung zwischen Macht, Besitz und Reproduktion bei den nomadischen Bakkarwal im westlichen Himalaya. In: Voland E (Hrsg) Fortpflanzung — Natur und Kultur im Wechselspiel. Suhrkamp, Frankfurt/M.: 270–289

Chagnon NA (1980) Kin-selection theory, kinship, marriage and fitness among the Yanomamö indians. In: Barlow GW, Silverberg J (Hrsg) Sociobiology: Beyond nature/nurture? Reports, definitions and debate. Westview Press, Boulder: 545–571

Coe K (1992) Art: The replicable unit — An inquiry into the possible origin of art as a social behavior. *Journal of Social and Evolutionary Systems* 15: 217–234

Dawkins R (1976) The selfish gene. Oxford University Press, Oxford [deutsch: (1994) Das egoistische Gen. Spektrum Akademischer Verlag, Heidelberg]

Dawkins R, Krebs JR (1981) Signale der Tiere: Information oder Manipulation? In: Krebs JR, Davies NB (Hrsg) Öko-Ethologie. Parey, Berlin und Hamburg: 222–242

Domb LG, Pagel M (2001) Sexual swellings advertise female quality in wild baboons. *Nature* 410: 204–206

Drescher H, Badstübner-Gröger S (1991) Das Neue Palais in Potsdam. Akademie Verlag, Berlin

Dunbar R (1999) Culture, honesty and the freerider problem. In: Dunbar R, Knight C, Power C (Hrsg) The evolution of culture — An interdisciplinary view. Edinburgh University Press, Edinburgh: 194–213

Eibl-Eibesfeldt I (1988) The biological foundation of aesthetics. In: Rentschler I, Herzberger B, Epstein D (Hrsg) Beauty and the brain — Biological aspects of aesthetics. Birkhäuser, Basel: 29–68

Faux SF, Miller HL (1984) Evolutionary speculations on the oligarchic development of Mormon polygyny. *Ethology and Sociobiology* 5: 15–31

Frisch M (2001) Montauk — Eine Erzählung. Frankfurt/M, Suhrkamp

Furlow FB (1997) Human neonatal cry quality as an honest signal of fitness. *Ethology and Sociobiology* 18: 175–193

Getty T (2002) Signaling health versus parasites. *American Naturalist* 159: 363–371

Goethe JW (1977) Faust. In: Faustdichtungen. Artemis, Zürich

Goldberg TL (1995) Altruism towards panhandlers: Who gives? *Human Nature* 6: 79–89

Götze A (1939) Trübners Deutsches Wörterbuch, Bd. 1. Walter de Gruyter & Co., Berlin

Grafen A (1990) Biological signals as handicaps. *Journal of Theoretical Biology* 144: 517–546

Gurven M, Allen-Arave W, Hill K, Hurtado M (2000) 'It´s a wonderful life': signaling generosity among the Ache of Paraguay. *Evolution and Human Behavior* 21: 263–282

Hamilton WJ, Poulin R (1997) The Hamilton and Zuk hypothesis revisited: A meta-analytical approach. *Behaviour* 134: 299–320

Hawkes K (2001) Is meat the hunter's property? Big game, ownership, and explanations of hunting and sharing. In: Stanford CB, Bunn HT (Hrsg) Meat-eating and human evolution. Oxford University Press, New York. 219–236

Hawkes K, Bliege Bird R (2002) Showing off, handicap signaling, and the evolution of men's work. *Evolutionary Anthropology* 11: 58–67

Hawkes K, O´Connell JF, Blurton Jones NG (2001) Hadza meat sharing. *Evolution and Human Behavior* 22: 113–142

Heilbronner RL (1953) The worldly philosopher. Simon & Schuster, New York

Henrich J, Gil-White FJ (2001) The evolution of prestige. *Evolution and Human Behavior* 22: 165–198

Hill J (1984) Prestige and reproductive success in man. *Ethology and Sociobiology* 5: 77–95

Holder K, Montgomerie R (1993) Context and consequences of comb displays by male rock ptarmigan. *Animal Behaviour* 45: 457–470

Irons W (1979) Cultural and biological success. In: Chagnon NA, Krons W (Hrsg) Evolutionary biology and human social behavior — An anthropological perspective. Duxbury, North Scituate: 257–272

Iwasa Y, Pomiankowski A, Nee S (1991) The evolution of costly mate preferences. II. The 'handicap' principle. *Evolution* 45: 1431–1442

Johnstone RA (1995) Sexual selection, honest advertisement and the handicap principle: Reviewing the evidence. *Biological Review* 70: 1–65

Kant I (2001) Werkausgabe, Bd. 11. Suhrkamp, Frankfurt/M.

Kenrick DT, Keefe RC (1992) Age preferences in mates reflect sex differences in human reproductive strategies. *Behavioural and Brain Sciences* 15: 75–133

Klare J (2001) Russenmafia rekrutiert einsitzende Jung-Aussiedler. *Spiegel* 27: 8.

Knight C (1998) Ritual/speech coevolution: A solution to the problem of deception. In: Hurford JR, Studdert-Kennedy M, Knight C (Hrsg) Approaches to the evolution of language — Social and cognitive bases. Cambridge University Press, Cambridge: 68–91

Koslowski P (Hrsg) (1999) Sociobiology and bioeconomics — The theory of evolution in biological and economic theory. Springer, Berlin und Heidelberg

Kotiaho JS (2000) Testing the assumption of conditional handicap theory: costs and condition dependence of a sexually selected trait. *Behavioral Ecology and Sociobiology* 48: 188–194

LeBoeuf BJ (1974) Male-male competition und reproductive success in elephant seals. *American Zoologist* 14: 164–176

Low BS (1988) Pathogen stress and polygyny in humans. In: Betzig L, Borgerhoff Mulder M, Turke P (Hrsg) Human reproductive behaviour — A darwinian perspective. Cambridge University Press, Cambridge: 115–127

Lummaa V, Vuorisalo T, Barr RG, Lehtonen L (1998) Why cry? Adaptive significance of intensive crying in human infants. *Evolution and Human Behavior* 19: 193–202

Maynard Smith J (1991) Theories of sexual selection. *Trends in Ecology and Evolution* 6: 146–151

Milinski M, Bakker TCM (1990) Female sticklebacks use male coloration in mate choice and hence avoid parasitized males. *Nature* 344: 330–333

Miller GF (2001) Die sexuelle Evolution — Partnerwahl und die Entstehung des Geistes. Spektrum Akademischer Verlag, Heidelberg

Miller GF (1999) Sexual selection for cultural displays. In: Dunbar R, Knight C, Power C (Hrsg) The evolution of culture — An interdisciplinary view. Edinburgh University Press, Edinburgh: 71–91

Mithen S (im Druck) Handaxes: The first aesthetic artefacts. In: Voland E, Grammer K (Hrsg) Evolutionary aesthetics. Springer, Heidelberg

Møller AP, Alatalo RV (1999) Good genes effects in sexual selection. *Proceedings of the Royal Society London* B 266: 85–91

Møller AP, Christe P, Lux E (1999) Parasitism, host immune function, and sexual selection. *Quarterly Review of Biology* 74: 3–20

Neiman FD (1997) Conspicuous consumption as wasteful advertising: A darwinian perspective on spatial patterns in classic Maya terminal monument dates. In: Barton CM, Clark GA (Hrsg) Rediscovering Darwin: Evolutionary theory and archeological explanation. American Anthropological Association, Arlington: 267–290

Noë R, Van Hooff JARAM, Hammerstein P (Hrsg) (2001) Economics in nature – Social dilemmas, mate choice and biological markets. Cambridge University Press, Cambridge

Nolan PM, Hill GE, Stoehr AM (1998) Sex, size, and plumage redness predict house finch survival in an epidemic. *Proceedings of the Royal Society London* B 265: 961–965

Olson VA, Owens IPF (1998) Costly sexual signals: Are carotenoids rare, risky or required? *Trends in Ecology and Evolution* 13: 510–514

Palm G (2001) Der Baulöwe von Bagdad. *Telepolis – Magazin für Netzkultur* 10. 8. 2001

Pérusse D (1993) Cultural and reproductive success in industrial societies: Testing the relationship at the proximate and ultimate levels. *Behavioral and Brain Sciences* 16: 267–322

Petrie M (1994) Improved growth and survival of offspring of peacocks with more elaborate trains. *Nature* 371: 598–599

Petrie M, Halliday T, Sanders C (1991) Peahens prefer peacocks with elaborate trains. *Animal Behaviour* 41: 323–331

Postel G (2001) Doktorspiele – Geständnisse eines Hochstaplers. Eichborn, Frankfurt/M

Power C (1999) ‚Beauty magic': The origins of art. In: Dunbar R, Knight C, Power C (Hrsg) The evolution of culture – An interdisciplinary view. Edinburgh University Press, Edinburgh: 92–112

Rowanchilde R (1996) Male genital modification – A sexual selection interpretation. *Human Nature* 7: 189–215

Ruse M (1986) Taking Darwin seriously. A naturalistic Approach to Philosophy. Blackwell, Oxford

Singh D, Bronstad PM (1997) Sex differences in the anatomical locations of human body scarification and tattooing as a function of pathogen prevalence. *Evolution and Human Behavior* 18: 403–416

Smuts RW (1992) Fat, sex, class, adaptive flexibility, and cultural change. *Ethology and Sociobiology* 13: 523–542

Sommer V (1992) Lob der Lüge – Täuschung und Selbsttäuschung bei Tier und Mensch. Beck, München

Sütterlin C (1998) Art and indoctrination – From the Biblia pauperum to the Third Reich. In: Eibl-Eibesfeldt I, Salter F (Hrsg) Indoctrinability, ideology and warfare – Evolutionary perspectives. Berghahn, New York und Oxford: 279–300

Tessman I (1995) Human altruism as a courtship display. *Oikos* 74/1: 157–158

Thornhill R (1988) Partnerwahl bei den Mückenhaften. In: Biologie des Sozialverhaltens: Kommunikation, Kooperation und Konflikt. Spektrum Akademischer Verlag, Heidelberg: 184–189

Trivers RL (1985) Social evolution. Benjamin/Cummings, Menlo Park

Ullrich W (2000) Mit dem Rücken zur Kunst. Wagenbach, Berlin

Veblen T (2000) Theorie der feinen Leute. Fischer, Frankfurt/M

Voland E (1990) Differential reproductive success within the Krummhörn population (Germany, 18th and19th centuries). *Behavioral Ecology and Sociobiology* 26: 65–72

Voland E (im Druck) Aesthetic preferences in the world of artefacts: Adaptation for the evaluation of ‚honest signals'? In: Voland E, Grammer K (Hrsg) Evolutionary aesthetics. Springer, Heidelberg

Voland E, Voland R (1989) Evolutionary biology and psychiatry: The case of anorexia nervosa. *Ethology and Sociobiology* 10: 223–240

Vollmer G (1985) Das alte Gehirn und die neuen Probleme. In: Was können wir wissen? Bd 1: Die Natur der Erkenntnis. Hirzel, Stuttgart: 116–165

Wallraff G (1985) Ganz unten. Kiepenheuer & Witsch, Köln

Wasao SW, Donnermeyer JF (1996) An analysis of factors related to parity among the Amish in Northeast Ohio. *Population Studies* 50: 235–246

Watts I (1999) The origin of symbolic culture. In: Dunbar R, Knight C, Power C (Hrsg) The evolution of culture — An interdisciplinary view. Edinburgh University Press, Edinburgh: 113–146

Weber M (1980) Wirtschaft und Gesellschaft. Mohr, Tübingen

Wedekind C, Folstad I (1994) Adaptive or nonadaptive immunosuppression by sex hormones? *American Naturalist* 143: 936–938

Weiner J (1994) Der Schnabel des Finken. Droemer Knaur, München

Wettlaufer J (1999) Das Herrenrecht der ersten Nacht — Hochzeit, Herrschaft und Heiratszins im Mittelalter und in der frühen Neuzeit. Campus, Frankfurt/M und New York

Zahavi A (1975) Mate selection — A selection for a handicap. *Journal of Theoretical Biology* 53: 205–214

Zahavi A, Zahavi A (1998) Signale der Verständigung. Das Handicap-Prinzip. Insel, Frankfurt/M

Zimen E (1990) Der Wolf. Knesebeck & Schuler, München

Zuk M (1994) Immunology and the evolution of behavior. In: Real LA (Hrsg) Behavioral mechanisms in evolutionary ecology. University of Chicago Press, Chicago und London: 354–368

Index